アマチュア森林学のすすめ

ブナの森への招待

西口親雄著

八坂書房

ブナ林の初夏(下)と
秋(上)，鳴子町にて

コナラの雑木林（右）と
ンノキ・ハルニレ林（下）
鳴子町にて

雑木林のなかを通る奥の細道
（左，鳴子町にて）
ブナの二次林
（下，青森県にて）

ブナの木の洞を利用したツキノワグマの冬眠場所(右)と，ブナの木に残されたツキノワグマの爪跡(上)

菜３種
ンマイ(左)，コシアブラ(中央)，ユリワサビ(右)

ブナの森の構成樹
クリ（右上）
サワシバ（右下）
コナラ（左上）
ミズナラ（左下）

林床に咲く草花
カタクリ（右上）
シラネアオイ（左上），
ニリンソウ（左下）

ブナの森の構成樹
ミズキ(右上)，トチノキ(右中央)，
シナノキ(右下)，マンサク(左下)，
コハウチワカエデ(左上)

液果をつける植物
コマユミ(右下)，ミヤマガマズミ(左上)，
ヒメアオキ(左下)

地衣類におおわれたブナの樹皮

クヌギの樹液を吸うサトキマダラヒカゲ（日本特産種）

サワグルミの枯れた部分に発生したヌメリスギタケ。おいしい食用きのこ

ミズナラの木に発生したサルノコシカケの一種

赤倉岳の麓，ブナ林に囲まれてたたずむ蔦沼

ブナ林のなかを流れる小川（蔦温泉にて）

ブナ林の湿地に群生するバイケイソウ

目次

目　次

目　次

Ⅰ　雑木林とブナの森

—まえがきにかえて—

1　ブナの森は緑色

ブナは森の土の母

日本は、樹木の種類の多い国である。それだけ自然が豊かといえる。しかし、樹木の世界は、一見、どれもこれも黒っぽい幹に緑の葉衣をまとって、なんとなく地味にみえる。赤や黄や紫に彩る山草たちにくらべると、木々の衣装は単調で、ファッション性にとぼしく、人をひきつけるものが少ないようにみえる。ところが、樹木たちとつき合ってみると、葉の形にしても、幹肌の模様にしても、じつに多彩、多様なのに驚かされる。春の芽吹きどきの緑は、あるものは銀粉をまぶし、あるものは紅を混ぜたりして、一つとして同じものはない。その渋い色調は、上品な和服の柄、絹の織り物、つむぎの感覚にも似ている。

新緑のころの樹木をつむぎとすれば、秋の紅葉期は華麗な錦織の世界だ。この場合も、濃赤、淡紅、光沢あるレモン色、つや消しの黄、赤味をおびた褐色から、くすんだ茶色まで、色彩はさまざまで、個性的である。さらに、季節季節には、花も咲けば、実もなる。そのどれ一つをとっても、絵になるし、詩にもなる。樹木の世界は、まことにたのしく、魅惑に満ちた宝石箱だ。

その数多い樹木のなかで、とくに容姿のすぐれた木を一つ選ぶとすれば、私は、ブナをあげたい。五月の新葉のころの、透きとおるような緑には、濁りというものがない。もし陽光が差しこめば、ブナの森はエメラルドのように輝くだろう。

私がブナという木にはじめて出会ったのは、大学一年のときだった。林学という、山と森に関する学問を専攻していた私たちは、夏休み前のひととき、樹木学実習で奥秩父の山のなかに入っていた。ウグイスの谷渡りやフルートを吹くようなオオルリのさえずりを聞きながら、渓谷の落葉広葉樹林の木々と知り合いになっていくのは、じつにたのしいものだった。

いくらか暗い感じのするスギ林のなかを登っていた。植林地をぬけると、目の前にパッと、明るい緑の森が現われた。指導教官は説明された。

「これはブナという木だ。ドイツでは、この木を森の土の母といって、人々から愛されている。」

ドイツでブナを「森の土の母」というのは、この木の落葉・落枝が比較的速く分解して、土壌を肥沃にすると考えられているからだ。私も最初は、単純にそう思っていたが、あとになって、真相はややちがうことに気づいた。これは、モミやトウヒやマツなどの針葉樹の葉（樹脂を多量に含んでいて分解しにくい）と比較しての話であって、広葉樹のなかでは、ブナの葉はもっとも分解の遅いグループに属する。私の観察では、ヤマザクラ類やカエデ類、そしてコシアブラなどのウコギ科は分解が速くて、すぐ形が崩れてしまうが、コナラやミズナラの葉はそれほど分解が速くない。なかでもブナの葉はいつまでも葉形が崩れない。

ヤマザクラ類やカエデ類の分解が速いのは、落葉に糖分や芳香が残っていて、分解動物のミミズやササラダニ、トビムシに好まれるからだ、と私はみている。逆にブナの落葉が分解されにくいのは、セルロースやリグニンが強固にできていて、ミミズや小さなダニや昆虫たちの歯がたちにくいのではないかと思う。だから、落葉は一年ぐらいたっても、まだ葉形がしっかりしている。そして秋になれば、その上にまた新しい落葉が堆積する。ブナの森の落葉層が深いのは、土壌動物に好まれないことも原因の一つだ。

セルロースやリグニンを分解する主役は菌類（きのこ）である。厚い落葉層の内部は、適当な湿り気を得て、やがてさまざまな落葉菌の発生をうながす。ブナの森にきのこの発生が多いのは、豊かな落葉層とも関係があるだろう。そして、きのこによってゆっくり分解された深い腐植層は、スポンジのように雨水を吸収し、貯える。

一般的に、落葉が速く分解されることはいいことだと思われているが、分解が速すぎることは、水分保持の点からは好ましくない。もちろん、遅すぎると、土の栄養形成が進まないことになり、それは生産力の点から好ましくない。なんでもそうだが、バランスがうまくとれていることが、いちばん好ましいのだ。ブナの森は、よくバランスがとれている。

美しく、ノーブルなブナ

私は奥秩父の樹木学実習で、はじめてブナという木の存在を知った。白っぽい幹肌に灰青色や暗褐色の大きな斑紋を散らしたその姿は、じつにノーブルだった。美しい木だなあ、というのが最初の印象だった。幹肌にできる斑紋は、幹に着生する苔や地衣の仲間なのである。

しかし、ブナの幹肌はどこでもこんなに魅惑的というわけではない。仙台の青葉山にも、結構大きなブナの木がみられるが、肌はくすんだ灰色で、白さがいまいちである。そのうえ、幹肌を飾る苔や地衣の斑紋が少ない。ブナが美しさの本領を発揮するのは、豪雪地帯においてである。ブナは、雪と白さを競っているかのようだ。

風雪のきびしすぎる山頂部や急斜面のブナよりも、風あたりの弱い鞍部ですくすく伸びたブナに、美しくノーブルな木が多い。若い二次林のブナよりも、高齢のブナに、輝くような白さをみる。宮城県の鳴子でいえば、鬼首峠《おにこうべ》あたりの原生林だ。

ところで、地衣って、なに？　地衣とは、藻とカビ（菌類）が共同生活している生きものである。藻は本来、海や川に生息している植物であるが、長い進化の過程で、変わり者が現われて、川から陸へ上がった。しかし困ったことがおきた。体から水分がぬけていくのである。藻はもともと水中にすんでいたから、葉は水が自由に出入りできる構造になっている。だから、陸上に出ると、体から水分がどんどんぬけてしまうのだ。

そこへカビがやってきて、藻にいった。「陸上で生活できるよう、助けてあげましょう。水がぬけないよう、葉の表面を菌糸でおおってあげましょう。菌糸で根を作って、水やミネラルを吸収してあげましょう。そのかわり、藻さん、あなたが葉で光合成した栄養分を、私にも少し分けてください。」

というわけで、藻とカビの共同生活がはじまったのだ。藻はカビの助けを得て、陸上の、土の上や、木の幹の上でも生活することができるようになった。しかし、あまり乾燥するところではうまく生活できない。草原よりも森林のほうが、乾燥する太平洋側よりも雪の多い日本海側のほうが、好ましい。日本海側のブナの原生林は、地衣にとっては、まさに理想的な環境といえる。ブナと地衣は、相性のよい生きものなのだ。ブナの森の地衣は生き生きしている。ブナも生き生きしている。だから、健康的で美しいのだ。

ブナの樹上に着生する地衣は、樹状地衣（サルオガセ類など）、葉状地衣（カブトゴケ類、カラクサゴケ類など）、痂状《かじょう》地衣（チャシブゴケ類、トリハダゴケ属など）など、多くの種類が知られている。

幹肌の白いブナは、東北の雪国でないとなかなかみられないが、ブナ属の木であれば、東京の高尾山でもみられる。ブナはブナ科ブナ属に属するが、ブナ科といえば、ナラやカシまで含まれるので、ブナといえば、ブナ属の木と考えたほうがわかりよい。

日本ではブナ属に二つの種が存在する。ブナとイヌブナである。どちらも、葉の縁が波形になり、肉眼でみると、波のへこんだ部分に側脈の先端が入るようにみえる。こんな形をとるのは、日本の広葉樹ではブナ属しかないのですぐわかる。ブナとイヌブナの区別は、側脈の数を数えればよい。一〇対内外であればブナ、一五対内外であればイヌブナだ。後述するように、ブナの本場は雪国であるが、イヌブナは太平洋側の低山帯に出現する（東京の高尾山、仙台の青葉山など）。

いまから一〇年前、私は『森林への招待』という本を書いた。森林教育を林業専門家のためだけでなく、一般教育へと広げることが急務だ、という考えからであった。そして、日本の森林問題を、一つの見方に偏らないように注意しつつ解説し、私の考えも述べた。しかし、最近全国的に関心を集めているブナ問題については、ほとんどページを割いていない。このことがちょっと心残りになっていて、今回、ブナの森を中心にした本を書く動機となった。私自身、東北にすんでもう一六年、ブナを語る資格を得たと思っている。本の副題は「ブナの森への招待」とした。しかし、ブナの森といえどもブナ以外にさまざまな生きものが生活しており、また、里山の雑木林とも無関係ではない。したがって、本書の内容は、広く落葉広葉樹林に生きる草木や動物を扱うことになった。

さて、ブナという木になじみの少ない読者のために、いきなりブナへの接近を試みたが、この本の目的はもう一つ、「あとがき」にも書いたように、一般の方々に、森のなかに入って、それぞれ勝手の興味で、森を観察・研究してもらいたい、ということにある。本書はそのための見本みたいなもので、本の題も、実践的な気持ちをこめて『アマチュア森林学のすすめ』とした。

2　早春の森をゆく

早春の落葉広葉樹林

その昔、芭蕉がとおったという細道が、国道四七号線に沿って、鳴子・尿前《しとまえ》の関跡から山形県境の堺田へと延びている。途中、大深沢の急な上り下りがあって、芭蕉は難渋したらしいが、いまは歩道も整備され、格好の自然観察の森になっている。

大深沢を上りつめたところに、小さなログハウスがある。私の研究拠点である。暇ができると、ナップザックに双眼鏡という軽装で歩く。三月もおわりに近い季節だった。いつもの年であれば、山道には雪が残っているはずであるが、その年（平成三年）はすっかり乾いていた。気の早いキクザキイチリンソウやカタクリが、もうつぼみを開こうかと迷っている。

しかし、落葉広葉樹林の主役たちはまだ、だれも芽を展開させるものはいない。沢沿いのブナ・トチノキ・イタヤカエデ・ミズキの森も、また台地の上のコナラ・ミズナラ・ヤマハンノキ・アオハダの林も、みんな裸木で、林内は早春の陽光に満ちている。木の花といえば、マンサクの黄色はもう色あせ、ヤマネコヤナギの銀色の花穂だけがはしゃいでいた。

そんななかで、野鳥たちの動きは活発だった。ヤマガラののびのびした笛、シジュウカラの張りのある声、金属的なさえずりはヒガラだ。ハルニレとサワグルミの樹林でゴジュウカラの群れと出会う。スギの木立ちではチ、チという細い声。なんだろう、と双眼鏡をむけると、キクイタダキのかわいい姿がレンズに映った。ハルニレの谷のほうからは、木の幹をたたくキツツキのドラミングが聞こえてくる。ピョーというさえずりも聞こえるから、あれはアオゲラだ。近くのコナラの梢では、二羽のコゲラが追いかけっこしている。木々が芽吹く前の、早春の落葉広葉樹林は野鳥の世界だった。

ヒメザゼンソウも森の一員

それから二、三日して、鬼首のハンノキ・ハルニレの湿地林を訪ねた。林床にはところどころに雪が残っていたが、ヒメザゼンソウとバイケイソウはもう、くるくる巻いた緑色の葉先をつんつん伸ばしはじめていた。このあたりも、まもなくニリンソウやユリワサビなど春草たちの活動開始で、緑のじゅうたんを敷きつめたようになるだろう。コガラが澄んだ、きれいな声で、春の歌をうたっている。

冬眠からさめたツキノワグマは、真っ先にヒメザゼンソウの若葉を食べる。そして、黒緑の、犬の倍もあるような糞をあちこちに排泄する。ヒメザゼンソウの若葉は軟らかくて、おいしそうにみえるが、あやまって食べると下痢をおこす。クマはそれを下剤に利用しているらしい。越冬中の腹のなかに詰まっていたものを一挙に排泄し、それからは、フキ、ウド、オオハナウド、ササのたけのこなど、人間が山菜として好むものを好んで食べる。

ヒメザゼンソウの大きな葉は五月も末になると、すっかり萎えて、やがて緑色部分は地上から姿を消してしまう。カタクリと同じく春草なのである。しかし、花の咲かせかたが変わっている。梅雨もたけなわ、林床はじくじくして歩きにくくなったころ、大きさ二センチくらい、黒紫色・楕円形の花を地ぎわにそっと出す。それがあまりに小さいから、その存在に気づく人はめったにいない。よく見ると、花のそばには緑色の小さな巻き葉が形成され、その先が土のなかからちょっと出ているが、これは翌春まで開くことはない。

花はやがてまるい実をむすぶ。この実がまた、クマの大好物ときている。九月になると、クマはハンノキ・ハルニレの森にかえってきて、さかんに土掘りをする。お目めあてはヒメザゼンソウの実なのであるが、その実がどうして土のなかにあるのか理解できず、私は、ガラス室でヒメザゼンソウの培養を試みた。驚いたことに、実が熟すと果柄はだんだん湾曲しはじめ、やがて実は土のなかにもぐってしまうのだった。

五月も半ばをすぎると、ハンノキ・ハルニレ林の春草たちは、もう繁殖活動を終える。そのころ、森の中間層はグリーンにかすむように染まる。ツリバナ、コマユミ、ミヤマイボタ、ルリミノウシコロシなどの低木たちと、ハウチワカエデ、コハウチワカエデ、ヤマモミジ、ノリウツギ、サワシバなどの中木たち、つまり森の中間層を占める木々がいっせい

図1　春草キクザキイチリンソウとカタクリ
森の樹木が眠りから覚めぬ間に，急いで花を咲かせる。

に葉を展開しはじめたからである。しかし、ハルニレ、トチノキ、ハンノキ、ヤチダモ、サワグルミなど、森の最上層を占める高木たちは、やっと芽を開く気分になったばかりだ。

森の植物たちの葉の展開順は、最下層からはじまり、最上層でもっとも遅い。このようにして、すべての植物にまんべんなく光が分配される。とくに森の最上層を占める高木たちは、光を独占しようと思えばできる地位にありながら、林床の野草たちの生存にも気をくばっているのである。

木の葉は、なぜ緑色か

林床から梢を見上げる。木々の葉をとおして緑光が落ちてくる。とくにブナの梢の緑は透きとおるようで、さわやかだ。緑の光をうけると、人間はなぜかやすらぎを覚える。木々たちの、動物に対するやさしい心根が感じられる。

しかし、木の葉がもっている緑色の意味は、それだけではなかった。稲本さんの本によると、太陽光のなかでエネルギー量がもっとも多いのは緑の部分だという。林床からみて、高木たちの葉が緑色をしているのは、緑光が通過して林床に降りそそいでいるからである。太陽光を自由に使える地位にあるはずの高木たちが、光合成に緑光を使わないで、エネルギー量の少ない赤と青紫の光部分を使っている。つまりエネルギー量の多い緑光を下層の植物たちに、そして昆虫や動物や人間たちにもまわしているのである。森の高木たちは、森のなかのすべての植物や動物たちが、みんなひとしく繁栄できるよう、気くばりしながら生きているらしい。

葉の展開順といい、緑光の透過といい、こんな現象をみると、森はすべての生物の共存・共栄を原則として生きている社会、と考えざるをえない。

害虫さえも養う

森の樹木は、木の葉を食べる害虫たちさえも養う意志をもって生きているように思える。私はかつて、虫たちがどれほど葉を食べれば、木の成長に障害が出るのかしらべたことがある。虫が葉を食べるかわりに、私が木の葉を摘んで、幹の太り方を測定してみた。実験に使ったのは若いポプラであったが、葉を全量の半分くらいまで摘んでも、幹の成長はそれほど減退しなかったのである。しかし、摘み葉の量が半分を越えると、さすがに成長の減退が目立つようになった。

葉は、もちろん光合成をする重要な器官であり、その結果として、澱粉、糖類、蛋白質、アミノ酸、ミネラル、水など、豊富な栄養を含有している。それらは本来、植物自身のためのものであるが、動物・昆虫にとっても貴重な栄養となる。

樹木は多量の葉を備えて光合成をしている。しかし樹木たちは全葉をフルに稼動して光合成をしているのではないらしい。葉量に余裕をもって生産活動をしているらしい。では、なぜ木々は葉量に余裕をもたせているのだろうか。それは、葉を食べて生きている虫たちの生存権を認めているからではないか、と私は考えている。葉が少々虫に食べられてもいいように、木は余力をもって生活しているのだ。

針葉樹と広葉樹のちがい

一般に広葉樹林は明るい緑色を呈する。針葉樹林のほうが、黒っぽく、暗い。有名なドイツのシュワルツワルト（黒い森という意味）はトウヒとモミの針葉樹林である。針葉樹林では、高木たちが陽光をがめつく吸収してしまうようだ。したがって、林内は暗く、林床には低木や野草が少ない。光合成の観点からすれば、針葉樹のほうがより合理的にみえるが、進化論的にみると、広葉樹のほうがより進化している。そして、広葉樹のほうが、多くの植物と共存・共栄しようとしているのだ。おそらくそのほうが、生態系としてより安定し、結局は自らの種族の発展にもつながっていくのではないか、と思う。

さらに、広葉樹のほうが針葉樹よりも、葉に寄生する昆虫の種類数が多い。一色周知・他編『原色日本蛾類幼虫図鑑』（上・下）に記録されている主要蛾類の食草・食樹をしらべてみたところ、図2のような結果を得た。針葉樹のなかでも、マツ科より進化の遅れたスギ科・ヒノキ科のほうが、寄生昆虫はさらに少ない。単に樹木の生産活動という見方からすれば、寄生昆虫の少ないほうが好ましいようにみえるが、森の社会という観点からすれば、寄生昆虫の種数が多いほど、生態系は安定し、森は安泰なのである。

（ただし、スギ・ヒノキのおかげで、日本の林業は、病虫害に悩まされることなく、すぐれた建築用材を比較的楽に生産できる、というメリットも認めてやるべきだろう。）

〔文献〕7、12、42、47

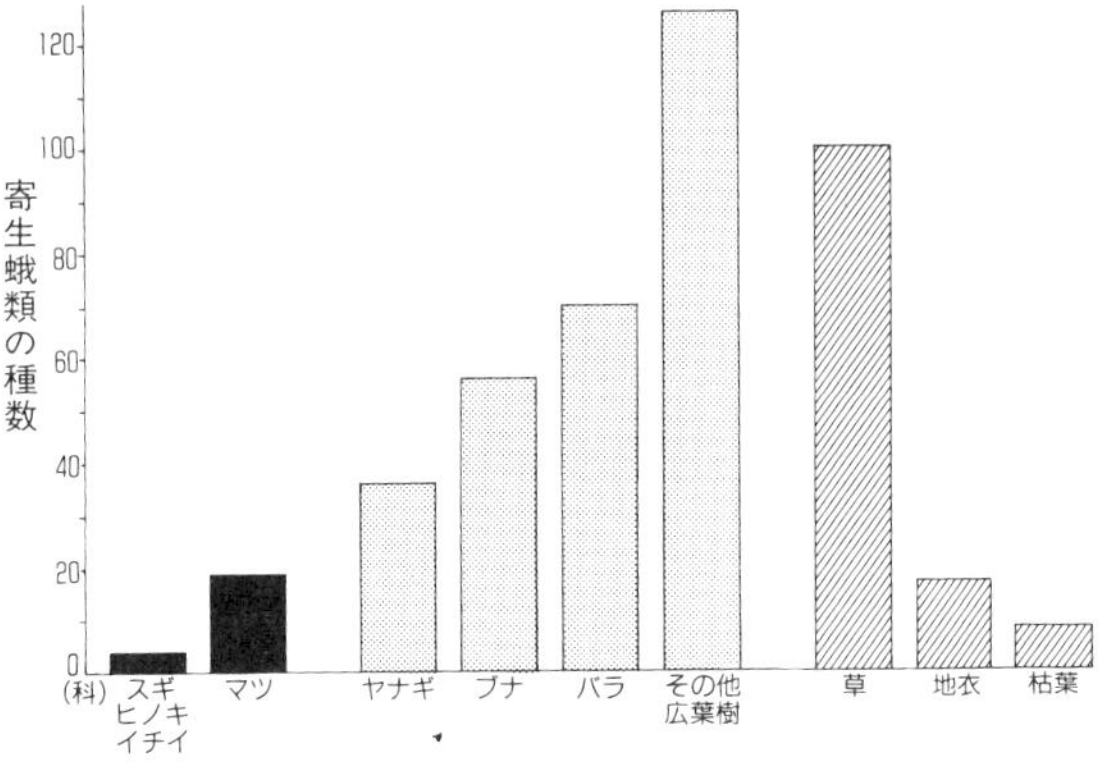

図2　主要蛾類（ハマキガ，メイガ，シャクガ，カレハガ，シャチホコガ，ドクガ，ヤガ，ヤママユガ，スズメガ類）は，どんな植物群に好んで寄生しているか。
（一色・他編『原色日本蛾類幼虫図鑑』上・下，1965・69より作図）

II　森の生産者

——樹木の社会——

1　陽樹の戦略　―タネは風に乗って―

林道の延長工事を凍結する

私は、東北大学農学部附属演習林（宮城県鳴子町）に勤務していたとき、林道の延長工事を凍結した経験がある。演習林の向山地区は、鳴子町と宮崎町にまたがる里山で、いちばん高いところでも標高約六〇〇メートル、面積もわずか五六〇ヘクタールしかないが、大部分が広葉樹の自然林で、場所によっては原生林的な姿をしている森もあり、結構いい林相をしていた。東北にかぎらず、日本全国どこでも、里山はスギやヒノキが植林され、あるいは宅地やゴルフ場に開発されて、自然の森はほとんど残っていない。だから、里山に残っている広葉樹林は、きわめて貴重な存在といえるのだ。

この大学林のなかを、一本の幹線林道がとおっている。林業では山林を管理するうえで、とくに山火事防止活動にとって、林道は欠かせない存在と考えられている。しかし、どんな理屈をつけようとも、林道という投資物は、森林を伐採し、木材を搬出し、収入をあげるための手段でなければ、投資の意味はなくなるだろう。

この幹線林道は、東西二か所の入り口から中央部にむかって延びており、将来は一本に連結する予定だった。しかし、それが連結するということは、大学林の中央部に広がる広葉樹自然林の伐採につながる。私もはじめは、林道は山林経営に欠かせない存在と考えていたが、現実は、林道が延びるたびに山林は伐採され、貴重な自然が失われていく。私は強い危機感を覚え、林道延長工事を凍結する決心をした。事業計画を途中で変更し、伐採による収入を大幅に減らすことには、学内にも抵抗があったが、里山の広葉樹自然林を保護することの意義を訴え、納得してもらった。それには、一つのよい手本があった。尾瀬の湿原をとおる林道工事を凍結した大石武一さん（当時の環境庁長官）の英断である。私もそれにならったのである。これは、大学林の経営が収入をあげることを目的としていないからできたことで、林野庁のような独立会計ではできなかっただろう。

自然は多様性を求める

生産活動をしない林道は放置される。放置されると、林道はすぐに崩壊していく。崩壊は、山の斜面が自然の姿にもどろうとする動きである。つまり、土壌安定への動きなのである。林道維持という仕事は、自然の動きに逆行する働きである。だから林道を、常時、車がとおれるように維持するには、莫大な費用がかかる。

林道崩壊にはずいぶん悩まされたが、林道工事の凍結が広葉樹林を保護するためであってみれば、林道が崩壊して車が入れなくなれば、結局、森のなかの貴重な野草も守られるわけで、なにも苦労して林道をきれいに維持することもあるまい、そう考えたら気が楽になった。

人が歩ける程度の林道維持なら、昔からのやり方がある。土砂が崩壊しそうな斜面があると、山の人たちは、近くの沢からヤナギの枝をたくさん切ってきて、土面にさしていく。やがてヤナギの切り枝は発根し、緩んだ土を結束する。そして崩壊斜面を緑化していく。山人たちが考えた、手っ取り早い治山技術である。

ヤナギ類は容易にさし木で増やすことができる。さし木で増えた木（個体）は、栄養繁殖だから、もとの親木と同じ性質をもつ。このような同一の性質をもつ個体群をクローンと呼ぶ。林業樹種スギもさし木ができる。

九州では、スギを植林する場合、さし木苗を使う。さし木苗をつくるには、成長のすぐれた、いわゆるエリート・ツリーから採穂する。できあがったスギ林は一つのクローンからなり、みごとに斉一である。木材の販売という商業行為からみても、有利である。

このように、さし木はきわめて有効な増殖技術ではあるが、それは人間が考えた手段で、自然はこんな方法をとらない。自然は、いろいろな個体にそれぞれ交配するチャンスを与え、さまざまな性質の子供をつくる。多様性のなかにこそ、調和と発展の可能性がある、と自然は考えているようである。

植物の種子は、雄しべの花粉が雌しべの胚珠に到達することによって形成される。マツやスギなどの針葉樹と、ハンノキやコナラなど一部の広葉樹は、花粉の運搬を風にたのんでいる(風媒花)。行き先は風まかせであるから、目的の雌しべに遭遇するチャンスはきわめて少ない。それを計算して、親木は莫大な量の花粉を生産する。

東北では二月も下旬になると、山肌はまだ雪におおわれているというのに、沢沿いのヤマハンノキは、長く垂れた花穂を赤褐色に染める。これは花粉が熟してきたことを示す。春の息吹きを強く感じさせる色である。長く垂れているのは雄花の集まりで、風に揺られて花粉を飛ばす。雌花は枝先にちょこっと着いていて、花粉の到来を待っている。

進化が進むと、植物も花粉を風で飛ばすような、無駄の多いやり方をやめ、もっと確実な方法を探る。そして花粉を虫に運んでもらう方法を考えつく。虫の気をひくために、花をあでやかな色で飾り、さらに甘い蜜で誘惑する。やってきた虫は、蜜を吸っているあいだに花粉を体につけ、他の花を訪れたとき、花粉を雌しべに渡していく。

ときには小鳥も花粉運搬の役を引きうける。メジロはツバキの蜜が大好物。高知の足摺岬は、冬だというのに、ツバキの赤い花が美しい。メジロがさかんにツバキからツバキへ渡り飛んでいる。くちばしを花粉で黄色によごして、眼をくりくりさせて、とてもかわいい。

多様性を求める自然は、似た遺伝子をもつものどうしの交配、すなわち近親交配を禁じている。多くの植物は、一つの花に雌しべと雄しべを同居させているが、自家受粉を望んではいない。それを避けるためにいろいろ工夫をしている。雌しべと雄しべの熟すときが一致しないのも、そのためである。

図3　ヤマネコヤナギの雄花
雄しべが熟して，黄色い花粉が出ている。

さらに一部の植物は、雌雄異株、つまり雄株には雄しべだけ（雌しべは退化）、雌株には雌しべだけ（雄しべは退化）の花しか咲かない、という分離法をとっている。サルナシやマタタビの実は、果実酒や薬用酒として山人たちに人気があるが、これも雌雄異株である。

ヤナギの仲間も、すべて雌雄異株である。ネコヤナギの花は最初、白銀の毛（ねこ）をかぶっているが、雄花はやがて黄色の花粉を出すので、雌花と区別できる（図3）。ヤナギ類は典型的な陽樹で、山の崩壊地や川原の裸地などで真っ先に芽生える。きびしい環境に耐えるには、それだけのバイタリティーが必要だが、そのバイタリティーは雌雄異株という繁殖方法から生まれてくるのではないかと思う。

陽樹の行動　―林道での観察―

林道を歩いていると、土の露出した面に、さまざまな植物が芽生えているのに驚かされる。たとえば、東北地方の里山であれば、アカマツ、ヤマハンノキ、タニウツギ、キツネヤナギ、イヌコリヤナギ、ヤマネコヤナギ、ヤマハギなどがみられる。自然は、露出した、不安定な土があれば、すぐ緑化を試みる。林道も放置すると、すぐこれらの樹木で緑化される。林道維持という行為は、これらの緑化樹木を除去し、裸地として維持する行為だから、当然、雨が降ると裸地から土砂が削られ、沢へ土砂を流す結果となる。

裸地を緑化するのは、陽樹といわれている樹群である。陽樹のタネは、直射日光のあたる、乾燥した裸地でよく芽生え、定着することができる。逆に、落葉の積もった、暗い林内では発芽せず、また発芽したとしても、稚苗は生きていくことができない。陽樹は荒れ地を緑化していくので、パイオニア・プラントとも呼ばれている。

春のゴールデン・ウイークになると、山菜採りが大学農場へ大挙して入ってくる。お目あてはタラノキの芽。林道沿いに、いたるところにタラノキが生えている。それだけ自然が豊かといえないこともないが、じつは、山があまりきれいに管理されていないことを示している。篤林家の山林にはタラノキは生えない。タラノキも代表的な陽樹なのだ。

タラノキが欲しければ、林道沿いの樹林を皆伐して、そのまま放置すればよい。裸地ができ、日光がよくあたれば、すぐタラノキが生えてくる。なまじいタラノキ林を保護すると、タラノキは枯れ、コナラ林に変化していく。陽樹とはそんなものだ。タラノキが生えるようなところには、またヤマウルシがよく生える。この木も陽樹なのである。タラノキの芽を採りに行くときは、ヤマウルシに触れないよう、注意してください。

日本のような、温暖・多雨の風土では、自然条件下ではすべて森林となる。では、裸地を必要とする陽樹は、どんなところで生きるのだろうか。日本は火山国で地形急峻、そのうえ梅雨と台風の季節には、しばしば集中豪雨が発生する。山は崩壊しやすく、川岸は土砂で埋まる。そんなところが陽樹の活躍の場となるのである。

裸地が緑化され、陽樹の林が形成されると、陽樹の子供はもうそこでは生きていけない。新天地を求めて旅をしなければならない。生きるべき場所が近くにあるか、それとも数十キロ離れた遠方か、それはわからない。そこで母たる陽樹は、タネをできるだけ小さくし、そのかわりに数を増やして、風に乗って遠方まで飛ばす作戦をとった。ヤナギやポプラの仲間は、小さなタネを綿にくるむ。綿は春風に乗って空に舞う。そんな現象が人目をひいて、「柳絮《りゅうじょ》」と呼ばれている。アカマツやシラカンバやヤマハンノキのタネは羽根をもっていて、風に乗れば、結構遠くまで飛散する。

2　灌木の戦略　―タネは小鳥に乗って―

液果の色は鳥へのシグナル

東北大学開放講座で、「女性のための森の科学と森林浴」という講座をもったことがある。ある年、紅葉がはじまる少し前の季節に、ハンノキ・ハルニレの森を歩いた。コマユミ、マユミ、ツリバナ、ルリミノウシコロシ、カンボク、ゴマキ、オオカメノキ、ミヤマガマズミ、ムラサキシキブ、ミヤマイボタなどの灌木の実がいっせいに、思い思いに色づき、ご婦人たちの興味をひいた。ガマズミ、ナツハゼ、ウワミズザクラなどの実は、ホワイトリカーにつけるとすばらしい果実酒ができる。受講者たちのリュックザックは、次第にふくれていく。

ところで、木の実の色づきは、果肉が甘く熟しましたよ、という小鳥たちへのシグナルなのである。ちょうどそのころ、北国からさまざまな渡り鳥がやってくる。ツグミ、ジョウビタキ、アトリ、カシラダカ、マヒワ、ベニマシコ、そしてときには尾翼の先端を赤や黄に飾ったヒレンジャクにキレンジャク。それらがブナやミズナラやハルニレの森で一服し、木の実を食べ、さらに南へ飛んでいく。果肉は鳥の腸内で消化され、タネは糞とともに排出される。地上に落ちたタネは翌春発芽する。

どんな生物でも、種族の勢力の拡大をはかる。高木たちはタネを風で遠くへ飛ばすこともできるが、背の低い灌木たちはそうはいかない。タネを遠くへ運ぶ手だてはないものか。そこで考えたのが、野鳥に運んでもらう方法である。緑の森のなかでも、鳥たちに容易に気づいてもらうために、木の実を赤や黄や紫に、派手に彩色した。もちろん、果肉を甘くして、鳥に味を覚えてもらうことも、忘れなかった。しかし、タネは消化されては困るので、鳥の消化酵素に耐える構造にした。また、実の大きさを、五—八ミリに統一したのも、小鳥が食べやすい大きさを考えてのことだ。(アケビやオオズミなどの大型の実は、サル、クマ、テンなどの哺乳動物をターゲットにしている。)

では母木は、小鳥たちに子供（タネ）をどこの新天地へ送りとどけてもらいたいのか。ヤナギやヤマハンノキなどの陽樹のタネは、森ではなく裸地を求めて、飛んでいった。その運び屋としては、風がもっとも適していた。しかし液果の木はそんな裸地を求めてはいない。それは、小鳥の行き先をみればわかる。その場所は、やはり似たような液果がよくなる森だ。母木はそんな森へ子供を送りとどけたいようだ。

図４　ミズキの実。鮮やかな赤い果柄の先に熟した黒色の実が，目をひく。

ところで、ムラサキシキブはなぜ紫に、ルリミノウシコロシはなぜ青藍に、そしてマユミはなぜピンクに実を染めたのだろうか。それぞれの木は、だれかお目あての鳥がいるのだろうか。樹木は、いろいろな鳥の行動を観察していて、それぞれ独自の作戦を練っているのだろうか。こんなことをある新聞のコラムに書いたら、仙台の見知らぬ人から手紙がきた。

「私の家の庭にはムラサキシキブが毎年、実をつけ、雪の積もっている季節にかぎってメジロが実を食べにきます。マユミには名の知らない鳥、ウメモドキの赤い実にはムクドリと決まっている様子を、毎年ふしぎに見ていました。メジロがくるのが楽しみで、紫なんて苦くてまずいだろうに、などと思っています。」

ミズキの天然更新

ミズキは東北に多い木である。材が白く、削りやすく、鳴子では伝統こけしの材料として利用されている。しかし、最近は原木が少なくなって、岩手県から仕入れている。大船渡など北上山地のものが、材に光沢があって好まれる。

原木不足に備えて、鳴子のこけし組合はミズキの植林をしている。最初は、山から苗木を引きぬいてきて、すぐ山に植林した。しかし、根の発育が悪いため、苗の活着率は低く、また活着しても、五年間ほどはほとんど伸長しなかった。山引き苗でも、一度苗畑に移植し、根の発育をうながしてから、山に植林したほうが、結果はよかったという。

ミズキにかぎらず、広葉樹の植林は一般に、スギやヒノキにくらべるとなかなかうまくいかない。ところが、自然の林のなかではよく実生する。ある年、オニグルミの林のなかで、ミズキの幼樹がたくさん芽生えているのに気づいた（図5）。この林は、かつてシイタケのほだ木を置いた場所だった。

仕事がしやすいように、毎年春にササを刈っていた。そして、四年ほどシイタケを収穫したのち、あとを放置したところ、ミズキの幼樹が伸びてきた、というわけである。

もしササが繁茂していたら、ミズキのタネが落ちても芽生えなかったかもしれないし、芽生えてもササの下では枯れてしまっただろう。たまたま、シイタケ栽培がしやすいよう、毎年ササ刈りをしていて、ミズキの実生がうまくいったのだ。

ミズキが伸びるのと同時に、ササも伸びてきたので、今度はミズキの幼樹を保護するために、ミズキのまわりのササを刈った。いまではミズキもかなり成長して、オニグルミと二段林を形成するようになった。

スギの防風林のなかでも、しばしばミズキの若木をみる。ササがなければミズキはどこでもよく実生してくる。ミズキには、そんなたくましい生命力がある。ミズキはミズキ自身の力で増やすのがいちばんと思った。

まず、実つきのよい母樹を残すこと。ミズキのタネをばらまいているのは野鳥であるから、野鳥がすみやすい環境を残すこと。そして、芽生えてきた苗を大切に育てる、という人間の手助けも必要である。

ミズキは五月に白い花を枝一面に咲かせ、九月には黒

図5　オニグルミの林床で芽生えたミズキの幼樹群

い実が熟す。実はどんな味がするのか、私はまだ食べたことはないが、野鳥はたいへん好むようだ。また、ミズキの幹にはよくツキノワグマの爪跡をみる。クマもミズキの実を食べ、そして、ミズキの勢力拡大に貢献しているのだ。

コシアブラの実生

ブナの二次林を歩くと、幹肌が白くてブナとまちがう木をよくみかける。コシアブラである。材が白く、軟らかくて、細工がしやすい。山形県米沢ではコシアブラを使ってタカなどの一刀彫りを作っている。

コシアブラもミズキと同じく、東北の木工に重要な木であるが、伐るばかりで、資源は枯渇しつつある。私たちは、何度か造林を試みたが、なかなかうまくいかない。第一に発芽率がよくない。第二に山に植えた苗の活着がよくない。うまい方法はないものか。

ところがある日、学生実習で仙台の青葉山をハイキングしていて、スギ林内にコシアブラの幼樹をたくさんみかけた。暗い林内でも生えているところをみると、案外、陰樹らしい。そうであれば、コシアブラの林は天然更新でつくりやすいはずだ。

コシアブラの場合も、実生に関与しているのは野鳥であろう。それはどんな鳥だろうか。コシアブラはウコギ属だから、ヤツデのような花を咲かせる。ウコギ属は一般に花期が遅く(八—九月)、したがって実が熟すのも遅い。コシアブラの結実も秋遅くになってみられる。実は小さく（四—五ミリ)、色も黒っぽい。他の木のように、派手な彩色作戦をとっていない。

ウコギ属の木は、新芽も新葉もおいしい。その代表はタラノキとヤマウドだ。コシアブラの新芽も、てんぷらやおひたしにするとじつにおいしい。幸いなことに、宮城県人はコシアブラを食べる習慣をもたない。おかげで、山菜シーズンになると、いつでもコシアブラの新芽を採ることができる。さて、その実はどんな味がするのだろうか。今度の秋に試食してみよう。

おそらく、野鳥もこの実を好んで食べるのだろう。ただ、秋遅くでも森のなかにいて、小さな実を丹念に探して食べる鳥といえば、カラ類かエナガのような小型の種類ではないかと思う。コシアブラの実は派手な彩色をしなくても、カラ類に食べてもらえるので、安心しているのかもしれない。

ハイマツの作戦

ある年の夏、女房と蔵王に出かけた。樹氷で有名なアオモリトドマツの林は、刈田《かった》峠から南のほう、杉ケ峰一帯に広がっている。御釜《おかま》あたりは観光客で雑踏していたが、峠から南へ山道を一〇分も歩くと、静寂の世界になる。アオモリトドマツの林のなかから、ヒョロヒョロヒョロヒョロ…と、横笛を吹くようなルリビタキのさえずりが流れてくる。針葉樹林をぬけると、きれいな草原に出た。ガンコウラン、コケモモ、チングルマなどが緑のカーペットを敷きつめている。光沢のあるまるい葉はイワカガミ。赤い実が点々と散らばっている。アカモノだ。ネバリノギランの赤みをおびた花穂や白いブラシ状の花をつけたシロバナトウウチソウもみられた。

遠方のアオモリトドマツの梢でゲーゲーとしわがれた声で鳴く鳥がいる。「なにかしら、カケスではないし。」

女房の問いに、双眼鏡の焦点をあわせる。「ホシガラスだ」「へえ、よく見えるのね」。じつをいえば、亜高山のハイマツやアオモリトドマツの林にいて、カケスのように鳴くのはホシガラスしかいないのだ。双眼鏡でみつめられて照れくさくなったか、鳥は飛んでいった。尾翼の先が白かった。やはりホシガラスだった。

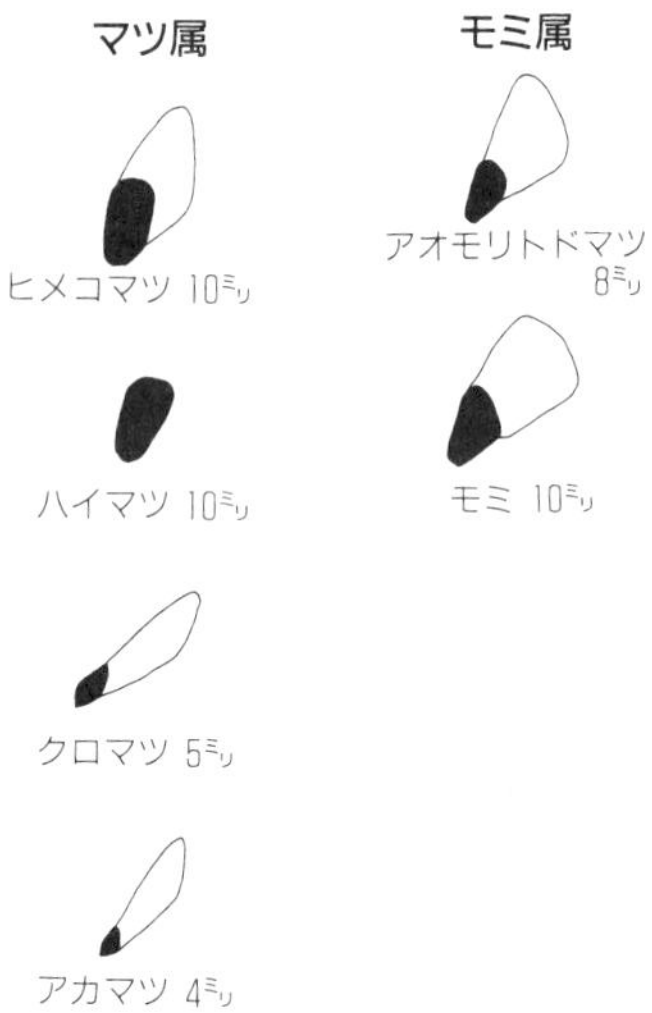

図6　マツ属とモミ属のタネの形
数字は羽根をのぞいたタネの大きさ。

蔵王には、ヒメコマツ（ゴヨウマツ）も生えている。風あたりの強い荒れ地のヒメコマツは背が低くなって、ハイマツとよく似た形をしている。植物学的には、タネに羽根があるかないか、で区別する。ハイマツには羽根がない。

マツ科の樹木は一般に、タネに羽根をもつ。これは、風に飛ばされて、分布を広げようという作戦だろう。ところがハイマツのタネには羽根がない。夏山を歩いていると、山道にハイマツの実がいっぱい散乱しているのをよくみかける。ホシガラスの食事の跡である。そんなところで、食べ残しからハイマツが新しく芽生えるのではないか。ハイマツはいま、タネの分散作戦を風から鳥に変更しようとしているのかもしれない（図6）。

イチイのタネには、なぜ毒がある？

紅葉の秋、蔵王や栗駒《くりこま》の山肌は赤や黄に彩られる。赤色はサラサドウダンやナナカマドであり、黄色はミネカエデやダケカンバである。そんなかに、黒緑の葉群が点々とみられる。その木は、イチイとアカミノイヌツゲであることが多い。

イチイの実は甘くて、食べられる。しかし、タネには毒がある。私は、高齢者や親子のグループをつれてよく森林浴をするが、イチイの実をみつけると、食べてもよいがタネは吐き出しなさい、と注意する。そして質問する。イチイのタネには、なぜ毒がある？

これはイチイの対野鳥作戦なのだが、一言でいえば、果肉は食べてもよいが、タネは食べられては困るのである。タネを吐き出してもらうための作戦なのである。

もう少し考察を深めてみよう。樹木のタネ分散作戦は、最初は風による飛散法だったと思う。この作戦は、針葉樹のほとんどと、広葉樹のなかでも比較的古いタイプのヤナギ科やカバノキ科、ブナ科の樹木が採用している。

そんななかで、タネを野鳥に運んでもらう作戦を最初に考え出したのは、イチイではないかと思う。赤い液果をつけるイチイ類は、針葉樹としてはきわめて特異的な存在である。おそらく、かなり早い時代に、ほかの球果をつける針葉樹群からわかれ、別の道へ進化したようだ。

この液果作戦は、多くの進化した広葉樹によって引き継がれた。しかし、ヤマブドウやさくらんぼのタネをみてもわかるように、広葉樹はタネに毒を混ぜる作戦をとらなかった。野鳥や哺乳動物の腸のなかを通過しても消化酵素で溶けないよう、タネの外皮を特別に強固な構造にする、という作戦に切りかえている。このほうが、野鳥に負担をかけないでタネの分散ができるからであろう。

タネに毒を含ませる作戦は、広葉樹ではナラ（どんぐり）やトチノキが引き継いでいる。とくにトチノキのタネには、サポニンという強力な毒成分が含まれている。それが成功して、ほとんどの動物はトチノキの実を食べない。トチノキ自身、野鳥や動物にタネを運んでもらうことをやめ、自力分散法をとっている。

3　広葉樹の萌芽戦略

森の姿をきめる条件　―日本の森林帯―

森林が成立する条件が二つある。水と温度である。いくら温度条件がよくても、雨量が少なければ森林はできない。幸い日本は世界有数の雨の多い国だから、自然のままであれば、全域がほぼ森林になる。まさに森林国といえる。あとは温度条件で森の姿が異なるだけだ。

ごく大ざっぱないい方をすれば、年平均気温六度以下でトドマツ、エゾマツなど北方系の針葉樹林（北海道、本州亜高山）に、平均気温六―一三度でブナ、ミズナラ、トチノキなどの落葉広葉樹林（ブナ帯＝北海道南部、東北、北関東、中部山地）に、平均気温一三―二一度でシイ、カシ、タブなどの常緑広葉樹林（シイ・カシ帯＝関東以西の里山）になる。これらの常緑広葉樹は葉に光沢があるので、照葉樹とも呼ばれる。平均気温二一度以上の地域はアコウ、ガジュマルの繁茂する亜熱帯林（南西諸島）になる。

さて、仙台あたりは、ちょうどシイ・カシ帯とブナ帯の中間点で、青葉山にはブナもみられるし、カシ類もみられる。しかし、どちらも勢力は弱い。そんな中間帯では、モミとイヌブナが多いので、モミ・イヌブナ帯と呼ばれることがある。東京の高尾山もこれに入る。

モミ・イヌブナの森を構成する樹木

ブナは夏の暑さに弱く、カシは冬の寒さに弱い。そこで、東北地方の太平洋側や関東・中部地方の内陸の低山帯に、ブナもカシも生えない空白地帯が生じる。そこが、モミとイヌブナの分布の中心地になる。

イヌブナは純林を形成することはなく、コナラ、ミズナラ、アカシデ、イヌシデ、イタヤカエデ、ケヤキ、コシアブラ、ホオノキなどの広葉樹と混生する。とくに針葉樹のモミとは、しばしば混生して群落を形成するので、「モミ・イヌブナ群落」と呼ばれることがある。青葉山の場合、森を構成する主要樹種は、谷筋はイタヤカエデとケヤキが、尾根筋はアカシデとアカマツが優占し、山腹はイヌブナとモミが、互いにすみわけながら広範囲に分布している。

雑木林を構成する樹木

青葉山や高尾山の森は古くから保護されてきたので、自然本来の森がよく残っているが、関東や東北の里山のほとんどは、燃料をとるために何回も伐採が繰り返されてきて、自然本来の姿は失われ、いわゆる雑木林となっている。

雑木林はどんな林かというと、コナラが圧倒的に多く、イヌシデ、アカシデ、ヤマザクラ類、リョウブ、エゴノキなどが多い。しかし、高尾山や青葉山で主力になっていたモミ、イヌブナやイタヤカエデ、ケヤキといった木は、あるにはあるが、個体数はむしろ少なくなっている。どうして、こうなったのだろうか。

ある森を伐採した場合、跡地に成立する林は、どんな姿になるのかを考えてみよう。跡地に樹木が芽生えるケースは、三つある。

第一のケースは、伐採地のまわりの樹林から、タネが風に乗って飛来して、定着発芽する（実生）。

第二のケースは、もともとその地に生えていた木のタネが、伐られる前に落下していて、伐採をきっかけにして発芽する。

三番目のケースは、伐られた木の株から、新芽が伸びてくる（萌芽）。

最初のケースは、アカマツ、ヤマハンノキ、ヤマネコヤナギなど、第一級の陽樹があてはまる。森を破壊し、林地を露出するような、荒っぽい伐り方をすれば、こんな陽樹林になる。関西や中国地方ではこんな陽樹林が少なくない。

第二のケースは、その地に生えていたすべての樹種に可能性がある。しかし、伐採時にうまく結実しておればよいが、運悪く結実していなければ、発芽のチャンスを失う。毎年、結実するような木は有利だが、ブナやイヌブナのように五―六年に一度しか結実しないものは、不利である。

第三のケースは、切り株から新芽を出す力のある木が林を形成する。萌芽力が強いのは、コナラが一番、ついでイヌシデ、アカシデ、ヤマザクラ類、エゴノキ、リョウブということになる。現在の雑木林は、萌芽力の強い樹種で形成されているとみてよい。モミやスギなどの針葉樹は、切り株から萌芽する力がない。だから、比較的短期間で伐採が繰り返される雑木林では、次第に姿を消していく。

切り株からの萌芽　―第二級陽樹の戦略―

広葉樹は一般に萌芽力をもっていて、針葉樹にくらべると、生存戦略にたけている。では、コナラ、イヌシデ、アカシデ、ヤマザクラなどは、どうして強い萌芽力を手に入れたのだろうか。

これらの木は、アカマツやヤマハンノキやシラカンバほどではないが、いずれも明るい環境を好む陽樹である。林地が露出するほど荒らされると、跡地はアカマツ・ヤマハンノキの、寒冷・乾燥地だとシラカンバなどの第一級の陽樹林になるが、林床の落葉層が破壊されない程度の伐採であれば、コナラ・シデ類など、第二級の陽樹林となる。

第一級の陽樹は一般に短命で、裸地を緑化して、いったん林が形成されると、もうそこには用はないといわんばかりに、比較的早く枯れていく。そして、その子供（タネ）も、その地には未練はないようで、別の裸地を求めて飛び去っていく。

ところが、コナラ、イヌシデ、アカシデ、ヤマザクラなどの第二級の陽樹は、結構長生きするし、その地に子供の木を残そうとする。コナラのタネはどんぐり型で、遠くへは飛散しないし、ヤマザクラのタネ（さくらんぼ）は、鳥によって運ばれるとしても、目的地は裸地ではなく（鳥は裸地へは行かない）、ヤマザクラが生えているような雑木林なのだ。これらの樹種は陽樹の性格をもつから、高木たちの枝葉が茂り、あるいは灌木が繁茂して林内が暗くなると、小さな実生苗は活力がにぶり、暗い林内でも比較的よく耐えるモミ、ミズナラ、イヌブナ、ブナなどの陰樹の苗に負

図7　株立ちする雑木林の木々

けてしまう。

そこで考えた生存戦略は、実生にたよらず、自ら根を伸ばして、その先から次世代の芽を出すという、いわゆる「ひこばえ」法である。このやり方だと、苗は親木から栄養が供給されるので、速く成長ができる。この「ひこばえ」戦略が、人間による森林伐採という予期せぬできごとがおきたとき、威力を発揮することになる。親木が伐られても根は生きているから、切り株から萌芽する力になったのだ。かくして、薪炭林はコナラやヤマザクラの天下となった。

多くの広葉樹は萌芽力をもっているが、しかし、第一級の陽樹であるヤマハンノキやシラカンバにはない。萌芽してまで、自分たちの林を維持する戦略がないからだ。陰樹のブナやイヌブナ、トチノキなども、コナラにくらべると萌芽力は弱く、高齢になるとその力を失う。陰樹は高木の極相林を形成する。そんな陰樹林では、萌芽しなくても、実生法（タネからの芽生え）で陽樹群を負かすことができるからだ。

〔文献〕3、46

4　陰樹ブナの森の構造

日本のブナ林の分布

平成三年、「蔵王のブナと水を守る会」の人たちといっしょに、山形県小国町のブナの森を見てきた。水域としては、日本海にそそぐ荒川の源流域に位置する。米沢在住のKさんの案内で、急斜面をはい登る。中腹にやや平坦な台状地形があり、ブナの高齢・大径木が何本も、すくすくと伸びていた。胸高直径（人の胸の高さ、つまり地上一・二メートルあたりの幹の直径）は約一メートル、樹高はおよそ三五メートルとみた。低木層にはオオカメノキ、クロモジ、マンサク、ハイイヌガヤ、ヒメアオキなどが多く、日本海側のブナ林の様相を示していた。しかしササは少なく、林床にはブナの稚樹がびっしり生えていた。ブナはやっぱり陰樹だ、という印象をうけた。

ブナは、北は北海道渡島半島の黒松内から、南は鹿児島県大隅半島の高隈山まで分布する（図8）。森林帯的にみれば、冷温帯の落葉広葉林帯にあり、その森林帯のもっとも重要な構成種となっている。

図8　ブナ林の分布
（堀田，1974より）

だからその森林帯はブナ帯とも呼ばれる。また、ブナは太平洋側にも日本海側にも分布するが、分布量は日本海側で圧倒的に多い。ブナの本場は豪雪地帯、すなわち東北地方にあるといえる。

ブナの垂直分布の中心地域は、標高一〇〇〇メートルあたりにある。今西錦司『日本アルプスの垂直植物帯』によれば、ブナは日本海側の山では標高四〇〇―一七〇〇メートルに、太平洋側の山では九〇〇―一六〇〇メートルに分布し、九〇〇メートル以下ではイヌブナと入れかわる。尾瀬ケ原での筆者の観察によれば、ブナ

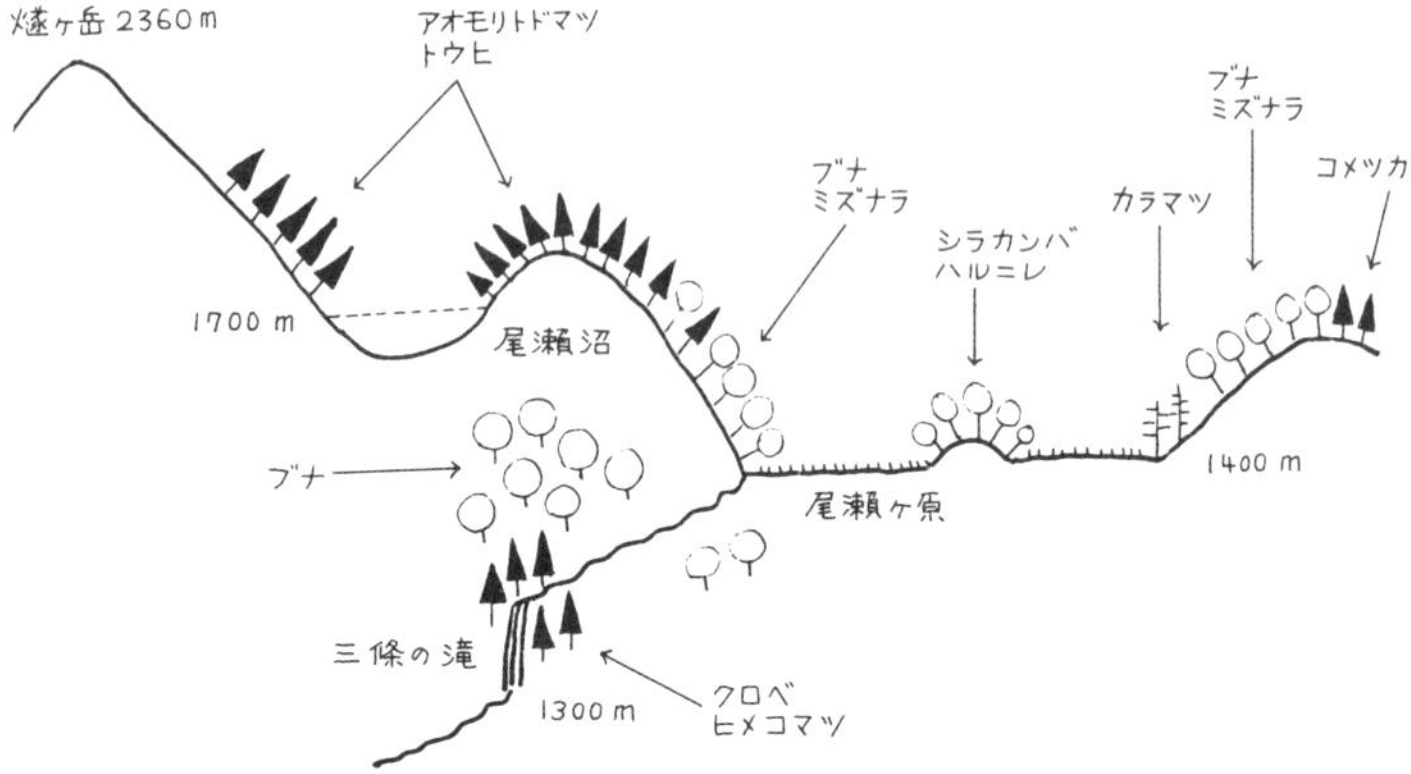

図9 尾瀬の森林植生

は標高一五〇〇メートルくらいまで分布し、それから上はアオモリトドマツやトウヒの針葉樹にかわっている(図9)。東北では、当然、ブナはもっと低い山でも分布しており、仙台の青葉山でもみられる。

ブナの森を構成する樹木

ブナは、日本の冷温帯の落葉広葉樹林帯を代表する樹種であるが、ブナの森の樹種構成は地域によってかなり異なる。それをまとめると、次のようになる。

関東以西の太平洋側＝ブナが中心となっているが、イヌブナ、ミズナラ、アズサ(ミズメ)、シデ類、ハリギリ、イタヤカエデなどの広葉樹もかなり混在し、またヒノキ、ツガ、ウラジロモミなどの針葉樹も多い。また近畿以西ではヒメシャラの存在が目立つ。ブナは、これらの広葉樹や針葉樹に圧迫されぎみで、勢力はそれほど強くはない。林床にスズタケをともなうのがふつうである。

中部内陸地方＝ミズナラ、シナノキ、シラカンバなどが勢力を張り、ブナの勢力はきわめて弱い。原因は乾燥にある。ブナは乾燥に弱い樹種であることがわかる。

図10 ブナの森（鳴子町奥鬼首）

本州日本海側と東北全域＝ブナが圧倒的に優位を保ち、しばしば純林を形成する。しかし、比較的乾燥する北上山地では、ミズナラやシラカンバ、ダケカンバが優位に立つところが少なくない。前述のように、本州太平洋側のブナの森では、さまざまな広葉樹の混交が目立つが、日本海側では混交樹種が少なくなる。原因は雪にある。ブナは雪によく適応した樹木で、豪雪地帯ではひとりのうのうと生活している。また太平洋側でブナを圧迫していたヒノキ、ツガ、ウラジロモミなどの針葉樹も、雪国では生きていけず、わずかにスギとクロベが出現するくらいだ。これらも尾根筋や岩場にみられ、ブナをじゃますることは少ない。

日本海側のブナ林の特徴

低木層にヒメモチ、ヒメアオキ、エゾユズリハ、ハイイヌガヤ、ハイイヌツゲなどの常緑樹をともなうこと。これらは、もともとは暖温帯の常緑広葉樹林帯に分布する植物であるが、冬の寒さを雪の下で回避するべく、背丈を低くするという、雪への適応によって、北国のブナ帯まで北上してきたものである。矮性化したため、いずれも亜種名で呼ばれている。

もう一つの特徴は、林床にチシマザサあるいはチマキザサ（クマイザサ）をともなうこと。ブナの森を太平洋側と日本海側とで比較してみると、ブナの優占程度や樹種構成の単純・複雑のちがいはあっても、樹種は基本的には異なっていない。そのなかで、きわだったちがいが一つだけある。それがササである。太平洋側では、林床にスズタケをともなうのに対して、日本海側ではチシマザサかチマキザサをともなう。

ブナの立地環境と、それをとりまく樹種

ブナは勢力の強い木である。肥沃な適潤土壌ではブナが優占する。そこで、東北の場合、ブナを中心に、それをとりまくさまざまな樹種が、どのように立地しているかを模式的に表現してみた（図11）。

湿性の沢筋ではハルニレ、トチノキ、サワグルミ、カツラが優占する。また、平坦地形の、水が停滞するような過湿地帯では、ハンノキ、ヤチダモが支配し、一段上の、水がつからないところではハルニレが多くなる。

逆に、陽のあたる南西斜面のやや乾燥する場所では、ミズナラ、ウダイカンバ、シナノキが優占する。もっと乾燥する尾根や岩場は、クロベ、ヒメコマツ、アスナロの針葉樹が出現する。

ブナ帯より標高が高くなると、針葉樹のアオモリトドマツにかわる。ブナ帯より標高の低い里山では、イヌブナやコナラが優勢になる。

強塩基性の山ではブナは生きられず、アスナロ（早池峰《はやちね》）、カシワ、トネリコ（宇霊羅山《うれらさん》）がブナにかわる。強酸性の土壌でも、ブナは生きられず、アスナロ（恐山《おそれざん》）やヒメコマツ（鳴子・片山地獄）の針葉樹林となる。富士山麓の溶岩流の上（青木ケ原）では、ヒノキとツガの森になっている。

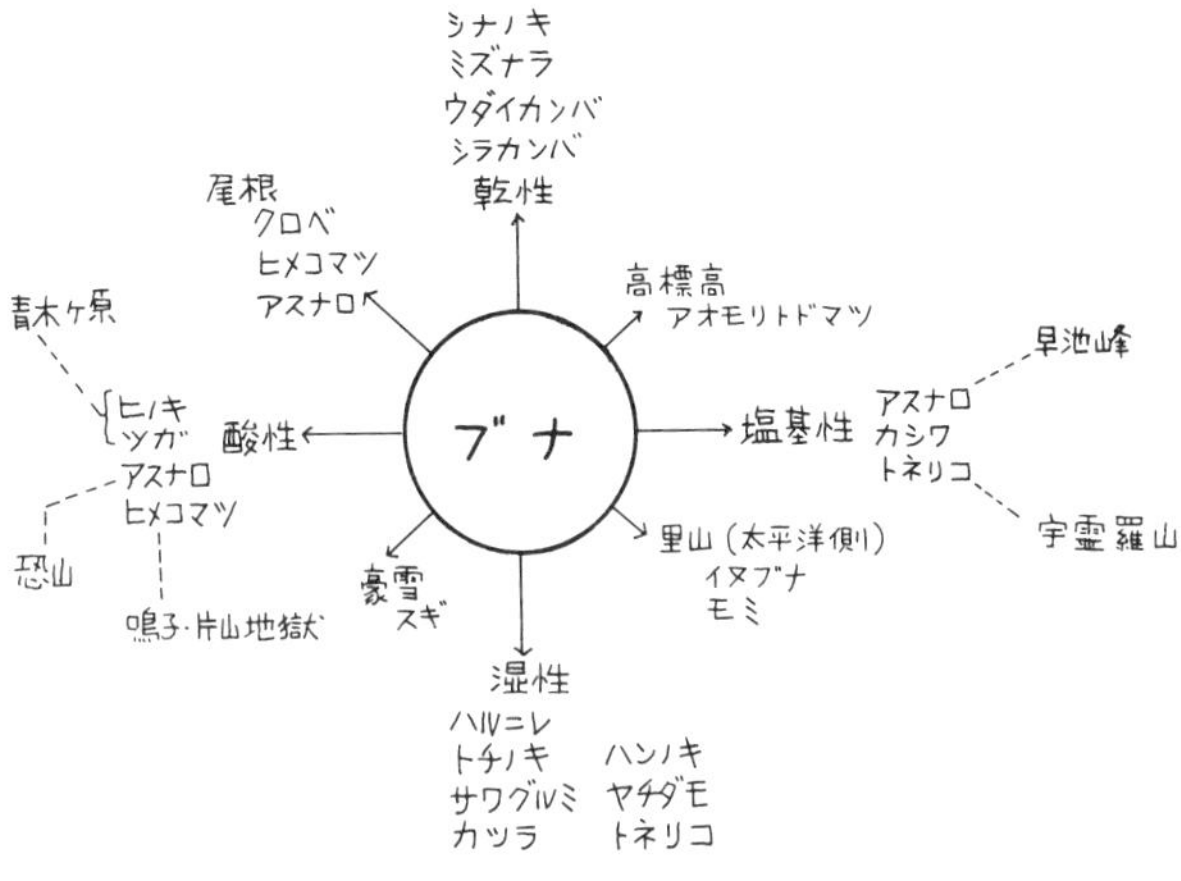

図11 ブナの立地周辺の樹木たち

なお、土壌の乾燥程度によって、林床植物の種類がかわってくることも知られている（表1）。たとえば、トチバニンジンやミヤマイラクサはそこが湿っていることを指標し、ホツツジやムラサキヤシオはそこが乾燥地であることを指標する。そしてヒメアオキやヒメモチがあれば、そこは中庸土壌であることがわかる。

ヨーロッパのブナ林　―日本との比較―

ブナ属は落葉広葉樹林帯の樹木である。北半球における落葉広葉樹林の分布は、図12に示されているように、温帯域に存在する。ヨーロッパのブナもこの地域に分布しているが、中国のブナ属のなかには、照葉樹林帯で生きているものがあるという。これは特異的で、ブナ属の進化を考えるうえで興味深い。私は、ブナの起源は中国南部の照葉樹林帯ではないか、と考えている。

表1　土地の状態がわかる林床植物

（日本海側ブナの場合）

植物名＼土地の状態	湿っている		乾いている	
リョウメンシダ	●			
トチバニンジン	●			
エゾアジサイ	●			
イノデ類	●			
ミヤマイラクサ	●			
オシダ	●	○		
ミゾシダ	●	○		
アキタブキ	●	○		
ホウチャクソウ	●	○		
アブラチャン	●	○		
クルマバソウ	●	○		
オクノカンスゲ	●	○		
トリアシショウマ	○	●		
ムラサキシキブ	○	●	○	
ヒメアオキ		○	○	
ヒメモチ		○	●	○
ツルアリドオシ		○	●	○
ツルシキミ			●	○
マルバマンサク			●	○
エゾユズリハ			●	○
チゴユリ			●	○
アクシバ			○	●
リョウブ			○	●
オオバスノキ				●
ムラサキヤシオ				●
ハナヒリノキ				●
サイゴクミツバツツジ				●
ホツツジ				●
オオイワカガミ				●

●結びつきが強いもの　○結びつきが中ぐらいなもの

（前田・谷本，1986）

ヨーロッパにはヨーロッパブナ（Fagus sylvatica）の一種のみがある。これは日本のブナと同じ小葉型のタイプに属する。小葉型は進化の進んだブナと考えられている。

ヨーロッパブナの分布の中心はドイツにあり、アルプス、ピレネーやイタリア半島、バルカン半島の山岳地帯にも広がっている。しかし、イギリスには南部の一部にしか分布しない。イギリスには落葉広葉樹林が広く分布するが、その中心樹種はオーク（ナラ類）らしい。

垂直的には、標高一〇〇〇メートルあたりを中心に分布している。東アルプスにおける植物帯の垂直分布をみると、ブナ帯は標高八〇〇―一三〇〇メートルあたりにあり、その上はトウヒ、モミ、カ

図 12 世界における落葉広葉樹林帯の分布
(日本林業技術協会編『私たちの森林』より作図)

ラマツの針葉樹林帯となっている。ブナ帯の下にはアカマツ、シデ、クリ、オークが分布し、日本の状況とよく似ている。

ヨーロッパのブナの森の樹種構成は、ブナを主に、オーク、シデ、シナノキ、ニレ、カバノキ、ハンノキ、カエデ類を混交する。基本的には日本と異ならない。林床にはアネモネ(キクザキイチリンソウの仲間)やエンゴサク類などの草花が生える。この点も日本と似ている。

では、どこが日本のブナ林とちがっているのか。ヨーロッパのブナの森の姿は、なかに入ったときの感じがすっきりしていて、美しいという。ちがいの原因を考えてみると、三つあるように思う。

まず、ヨーロッパのブナ林は、ヒメモチ、ヒメアオキ、エゾユズリハのような常緑の低木群落を欠く。ヒメモチやヒメアオキは、もともとは照葉樹林帯の植物で、そこからブナ帯へと北上してきたものである。照葉樹林帯というのは、日本の西南部から中国の華南地方にかけて分布する常緑広葉樹の森林帯で、冬温暖で、夏多雨の東アジアに特異的に存在するものである。ヨーロッパには存在しない。

第二に、林床にササ類を欠く。ササ類は、東南アジアの熱帯に起源し、日本という風土で大発展した植物群と考えられている。このササ類もヨーロッパには存在しない。

さらに、モクレン属、マンサク属、クロモジ属などの落葉性中・低木を欠く。タムシバ、マンサク、クロモジなどは、日本のブナの森にはごくふつうにみられる落葉性の低木群で、ブナの森には欠かせないものである。これらの植物がヨーロッパにないのは、氷河時代に滅びてしまったためと考えられている。

ヨーロッパのブナ林がすっきりした姿になっているのは、林床にササや常緑の低木群落がないからである。逆にいうと、日本のブナ林は、ササや低木群落が多く、みた目には雑然とした感じを与える。それには上記のような理由があるのだが、このことが、日本のブナの更新問題を複雑で、困難なものにする大きな原因にもなっている。

（本章は、大場達之「日本と世界のブナ」〔文献16〕を参考にして、考察・整理したところが多い。）

〔文献〕16、25、48、54、55、56、75

5　ブナの生活戦略　—結実と芽生え—

陰樹のタネは、なぜ大きい？

陽樹が樹林を形成すると、陽樹の子供はもうその下で育つことができない。そこには、暗い林内でも発芽・発育できる陰樹が芽生えてくる。代表的な陰樹といえば、暖温帯ではシイ、カシ類、タブ、ヤブツバキなどの常緑広葉樹であり、冷温帯ではブナ、トチノキなどの落葉広葉樹であり、亜寒帯（亜高山帯）ではシラベ、アオモリトドマツなどの針葉樹をあげることができる。

陰樹の子供は、親が形成した森のなかで育つことができる。だから、陰樹は同一場所で何世代も繰り返すことができる（この状態にある森林を極相林という）。陰樹のタネは、もう陽樹のように、新天地を求めて、遠くへ移動する必要がない。だからタネを多量に生産しなくてもよい。むしろ、陰樹林には深い落葉層があり、落下したタネは落葉のしとねに埋もれてしまうので、発芽した根が落葉層を貫通して、大地に定着するまでがんばる必要がある。そのためには、タネを大きくして、十分に栄養を貯えておくほうがよい。カシのどんぐり、ヤブツバキやトチノキの実をみると、まさにそれに合致した形をしている。では、東北の森の陰樹ブナは、どんな生存戦略をもって生活しているのであろうか。

ブナの結実作戦　—豊作は数年に一度—

昭和五十九年の春、富士五湖へドライブした。一日、精進湖の裏山に遊ぶ。正面に富士がそびえ、眼下に湖水が光る。トウゴクミツバツツジの花の紅が目にしみる。まわり

図13 地上に落下したトチノキの実

はブナの森だった。新葉が開きはじめていたが、樹冠はきれいな淡緑ではなく、黄褐色の粉をまぶしたようだった。ブナの花が満開であることを知った。

その年の秋、鳴子の鬼首峠でも、ブナがいっせいに結実した。

ブナが枝一面に実をならせるのは、ほぼ五―六年に一度である。昭和四十年から平成四年にかけてみられた豊作年は表2のとおりである。昭和五十九年は全国的にブナが豊作だったらしい。鬼首峠のブナの実はよく充実し、とてもおいしかった。庭にとりまきしたタネは、翌年九〇パーセント近く発芽した。その後、鳴子では昭和六十三年に並作程度の結実があり、その二年後の平成二年に、また豊作となったが、その年の実は、虫くいとしいなが多かった。

ところで、ブナはなぜ数年に一回、豊作になるのか。このなぜには、二つの答え方がある。

一つは豊作のメカニズムである。豊作が広範囲に、いっせいに起こることから考えて、気象条件との関係が示唆される。クリの場合、花期に高温少雨がつづくと豊作になるといわれているが、ブナでもそのようなことがあるのかもしれない。しかし、一度豊作になると、あと数年は気象条件がよくても、豊作にはならない。結実という仕事にたいへんエネルギーを消費していることがわかる。

もう一つは、数年に一度という豊作間隔が、ブナにとってどんな意味があるのか、という目的論である。つまりブナは、どんな目的で豊作の間隔を長くしているのか、ということである。自然科学はいままで、このような目的論にはあまり触れなかったが、生物科学のおもしろさは、まさにこの点にある。それは、大胆な推理を必要とする世界である。そして、素人が活躍できる場でもある。

私は、第二のなぞには、ブナの生存戦略が隠されているように思う。具体的にいうと、野ネズミの食害を回避するための作戦ではないかと思うのである（詳しくはⅣ章・2参照）。

表 2　ブナの豊作年

年	昭和 40　42　44　46　48　51　53　56　59　63　平成 2　4
結実状況	●　×○×○×○×●××●×○××●××●×××○×●×○

●＝豊作，○＝並作，×＝凶作　　前田，1986 および西口の観察による

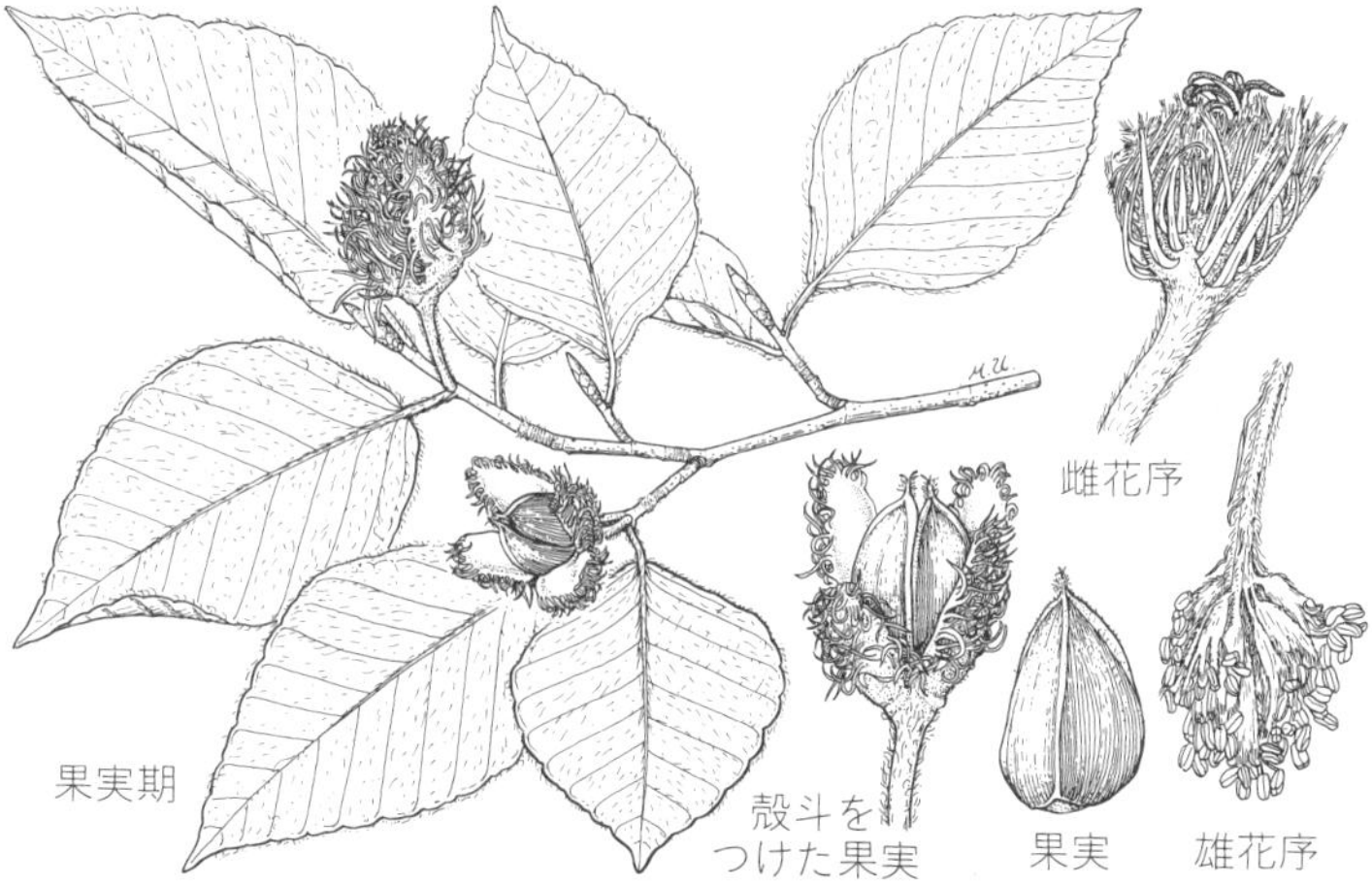

図 14 ブナの実の結実
（昭和 59 年，鳴子町にて）
上はブナの花と実の図。
（梅林正芳画）

ブナのタネは、なぜ三角形？

ブナの実は九月下旬から十月にかけて熟し、まもなくタネは地上に落下する。タネは、母樹からどれほど飛散するのだろうか。ある資料によると、方向によって多少の差があるものの、飛散距離は、二〇—二五メートルまでで、ほとんどのタネは母樹のまわり、五メートルの範囲に落ちている。つまり、ブナのタネは、親木の近くで芽生える作戦なのだ。

ブナが豊作になると、私は鬼首峠にタネを拾いに行く。林道上のタネは拾いやすいものの、落葉層に落ちたタネは拾いにくい。落葉の下にもぐってしまうからだ。ブナのタネが三角錐をしているのは、ブナの森の深い落葉層にもぐり込んでいく作戦のようにみえる。

豊作年におけるタネの飛散量・距離と、翌年の稚樹発生量の関係をしらべた報告（図15）がある。タネの落下量にくらべて、稚樹発生量が少ないのは、かなりのタネが野ネズミに食べられてしまうことを、また、母樹からの距離が五メートルをこえると、タネの落下量よりも稚樹発生量のほうが多くなるのは、野ネズミによるタネの運搬移動があったことを暗示している。

ブナのタネは、脂肪分と蛋白質が多くて、栄養分に富んでいる。これは、陰樹のタネの発芽戦略なのだが、そのために、ブナは動物たちに餌として狙われる、というやっかいな問題をかかえることになる。

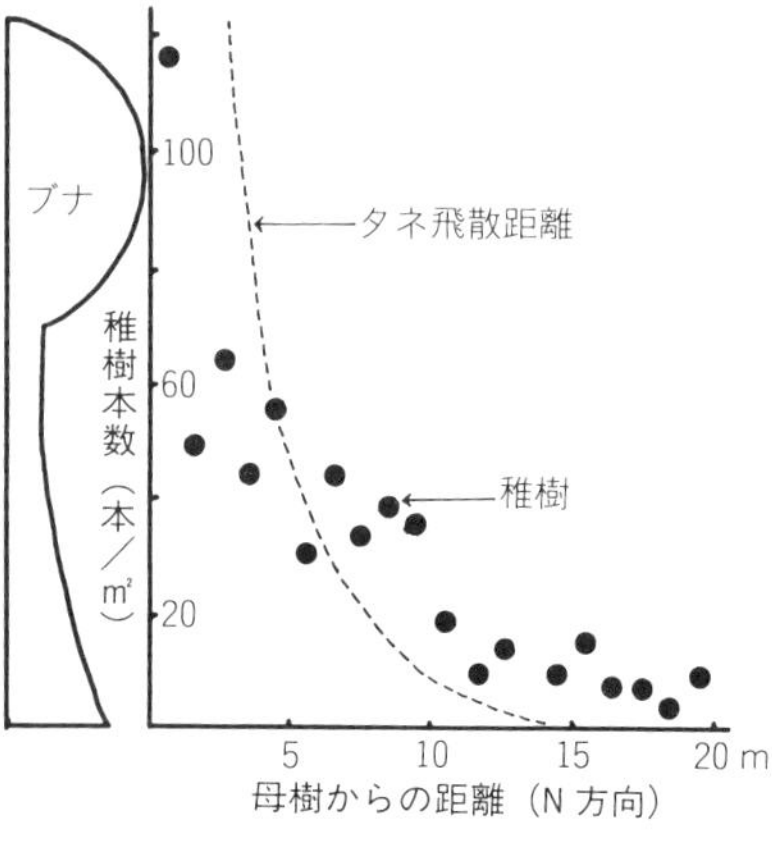

図15 ブナ母樹からのタネの飛散距離と稚樹の発生　（伊藤，1982より作図）

トチノキは、タネにサポニンという毒を混ぜる作戦をとった。ナラ類は、どんぐりにタンニンを混ぜる作戦をとった。しかし、ブナは毒物作戦をとっていない。だから、野ネズミは、ブナのタネは見つけしだい食べてしまう。しかし、豊作年は食べても食べてもタネは残る。満腹した野ネズミは、タネを落葉層の穴か、朽木のうろのなかに貯蔵する。そして、忘れられたタネから、ブナは発芽してくる。ブナの豊作戦略は、野ネズミによって分布を広げてもらう、という利点まで生み出した。

ブナの稚樹の死亡率　—暗い林内と明るい林道で—

森のなかで芽生えたブナの稚樹は、最初まるい双葉を出し、やがて双葉のあいだから本葉を出す。しかし、陰樹といわれているブナでも、芽生えが生きていくにはそれなりの光が必要である。暗い森

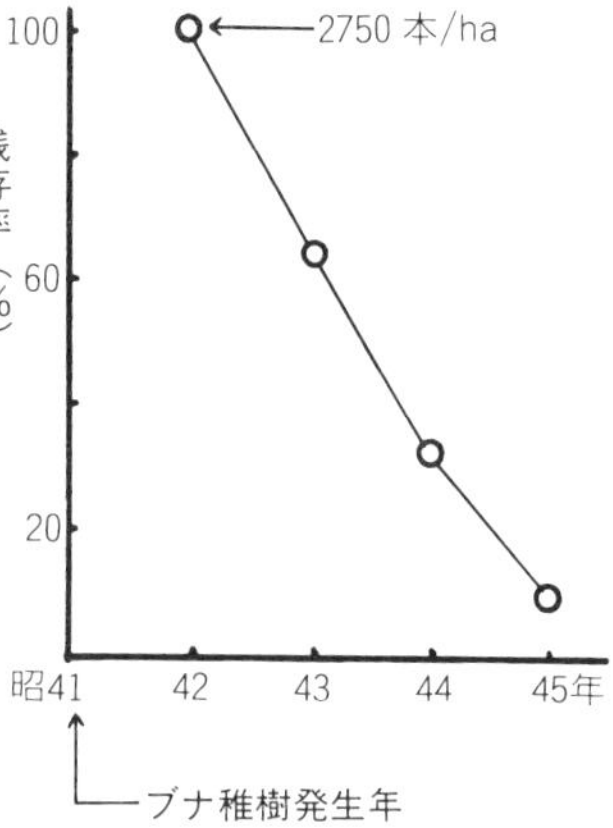

図 16 ブナ自然林における稚樹の発生と 5 年後の残存率
（苗場山にて。前田，1985 より）

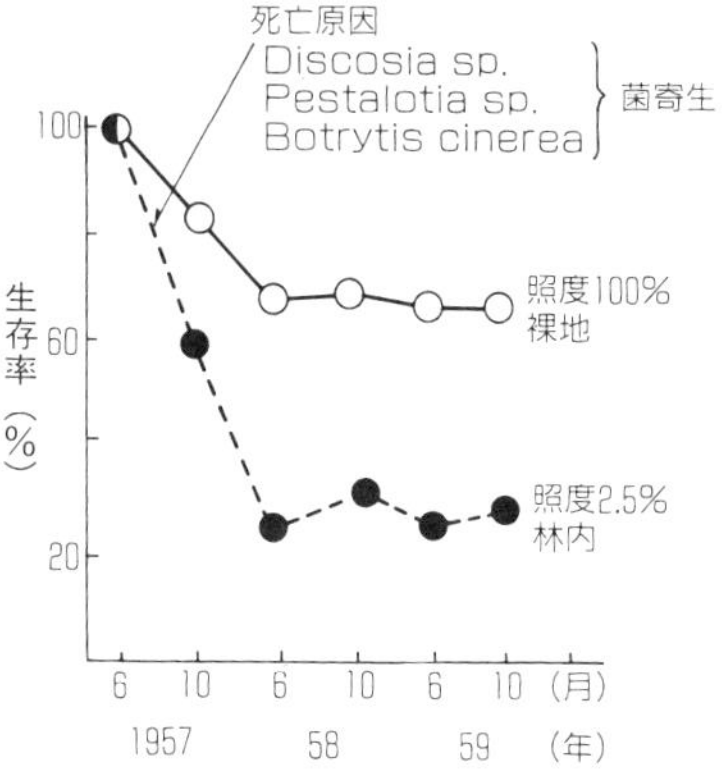

図 17 森内の明るさ（照度）とブナ稚樹の生存率
（工藤，1985 より）

のなかでは、稚樹の死亡率はきわめて高い。森の林冠が閉鎖している（高木たちの枝葉が茂り、緑の天井が連続すること）と、林床に稚樹が発生しても、一〇年以内に全部消滅してしまう、といわれている。苗場山の天然ブナ林での調査によると、稚樹発生の五年後には、全部消滅している（図16）。

ブナの森のなかの林道を歩いていると、法面《のりめん》にブナの稚樹が密生しているのをよくみかける。林道わきの裸地（照度一〇〇パーセント）に芽生えた稚樹の生存率は、林内（照度二・五パーセント）で芽生えた稚樹の生存率にくらべ、はるかに高い、という報告がある（図17）。暗い林内の稚樹は、寄生性の落葉分解菌に犯されているものが多いらしい。おそらく光不足で、充分に栄養がとれず、病原菌に対する抵抗力を備えることができないのだろう。

〔文献〕5、10、28、56、58

6　ブナの生活戦略　―稚樹から老木の枯死まで―

稚樹の成長を妨げるものは、なにか

ブナの森のなかでは、ブナの子供がなかなか伸びてこない。これが、ブナの親木の悩みのタネである。ブナの稚樹が成長していくためには、光が必須の条件であるが、それを妨げているものはなにか。

一つは、林床に生えるササや灌木群であり、もう一つは、林冠を閉鎖してしまうブナの親木自身である。そこで次に、二、三の研究データを参考にしながら、その実態を観察してみよう。

一、成熟した自然の森では

成熟した自然の森では、ふつう、林冠が閉鎖されているので、林床へ達する光量が少なく、ササや灌木類もまばらにしか生えない。だから、芽生えたブナの稚樹は、林床植物にじゃまされずに徐々に伸長し、やがてササや灌木類を追い越す。しかし結局は、林冠からの光が足りず、成長が停止してしまう（図18）。一般的には、この状態がつづいて、一〇年以内に稚樹は枯死してしまうことになる。

二、上木を伐開（伐って、林冠を開くこと）してやれば

それなら、林内の光条件をよくするために、上木を伐開したらどうなるか。たしかに光条件はよくなって、稚樹の伸長も促進される。ところが、上木伐開と同時に、林床のササや灌木群も繁茂を開始する。そして、ササや灌木のほうが成長が速いから、芽生えたブナの稚樹はそれらの林床植物群におおわれてしまって、結局、光不足で成長できない状態となる（図19）。

ブナ林の上木を伐開すると、その後、林床のササと灌木群がどのように繁茂していくか、追跡調査した報告がある。ふつう、林冠の閉鎖した森林では、林床にササが少ないから、伐採直後は、低木性の樹木群―ハイイヌガヤ、ハイイヌツゲ、ヒメアオキなど―の占める割合が圧倒的に多い。しかし、年数が経過するにつれて、だんだんササの占める割合が増え、一〇年もたつと、面積の半分以上をササ群落が占めてしまうようになる。つまり、

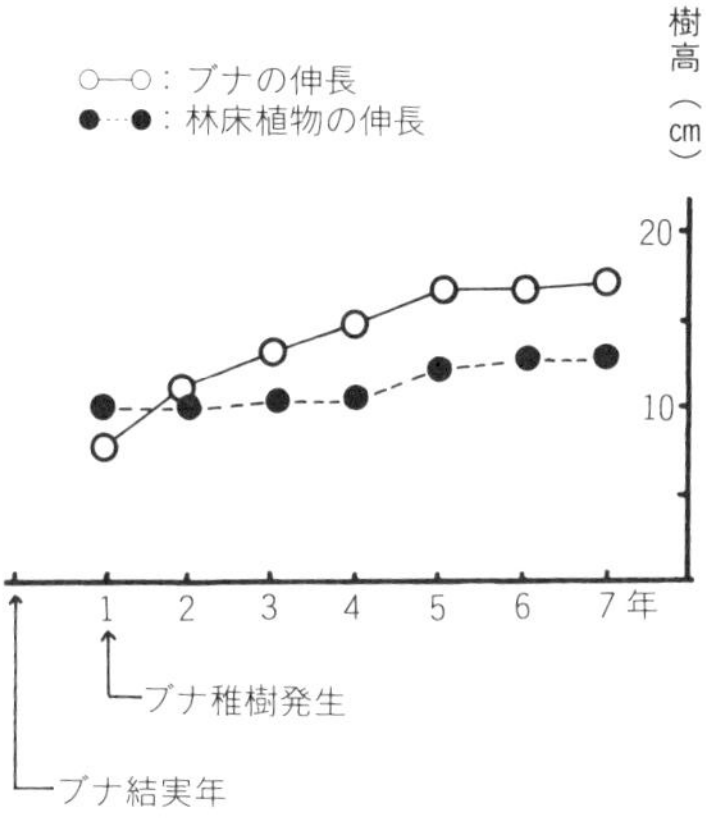

図18　自然林内でのブナ稚樹の伸長

（柳谷・金，1985より改図）

伐開が行なわれ、林床に光が入ると、しばらくしてササ群落が急速に繁茂してくるのである。林床植物のなかでも、ササの行動が要注意であることがわかる。

三、上木伐開、下刈り三年

そこで、ブナの幼木の成長を助けるために、上木伐開後三年間、ササや灌木群の繁茂を抑えるための下刈りをつづけてみた。すると、ブナの幼木は勢いよく伸長を開始し、林床植物の背丈を越すようになった(図19)。ブナの幼木を育てるためには、下刈りという人間の助けがかなり有効であることがわかる。

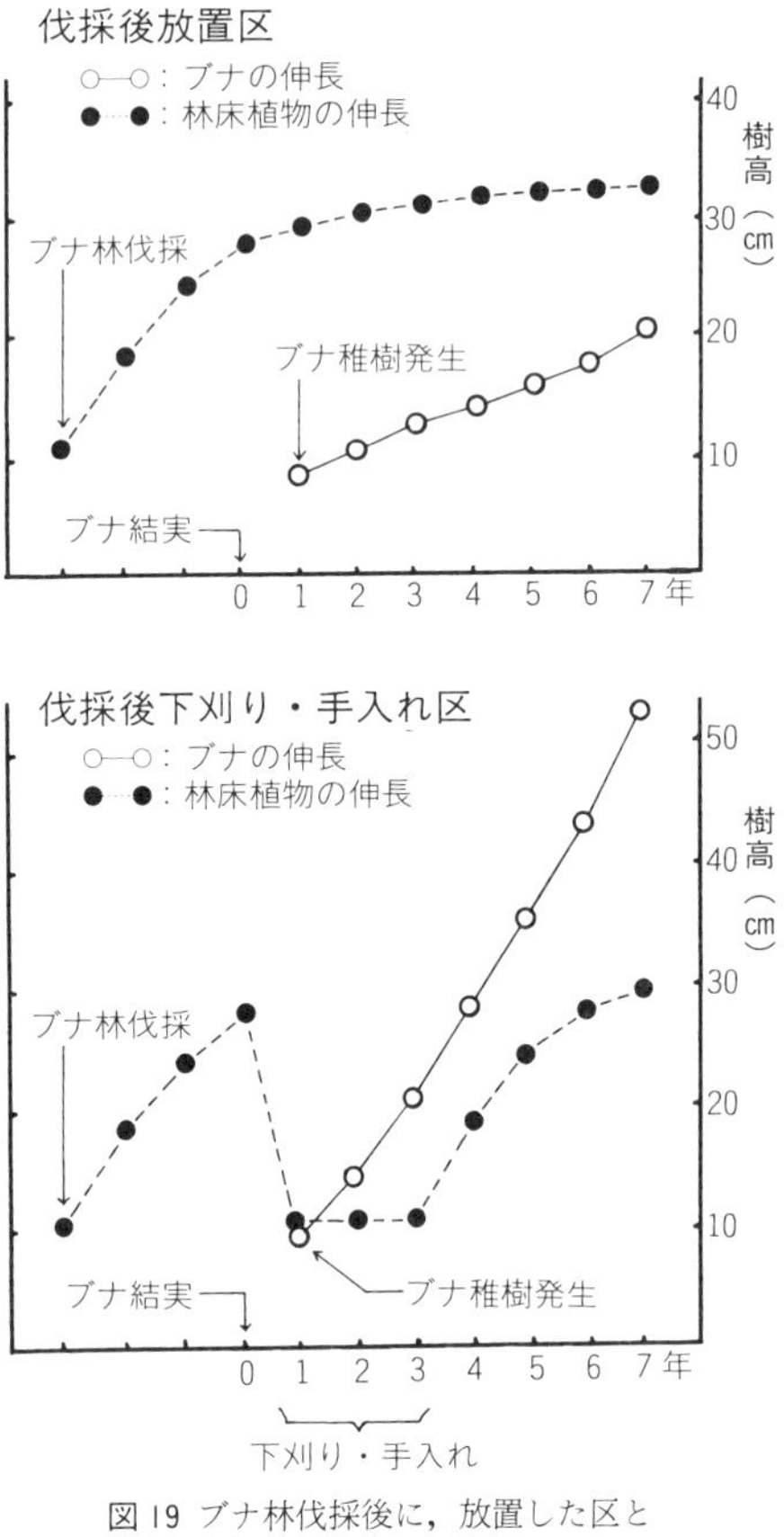

図19 ブナ林伐採後に，放置した区と下刈り・手入れした区での，ブナ稚樹の伸長比較
（柳谷・金，1985より改図）

ブナは何年くらい生きるか　―胸高直径と樹齢の関係―

ブナは何年くらい生きて、どのくらい太くなるのだろうか。ここに、長野県カヤノ平でしらべた貴重なデータがある。カヤノ平のブナの森は、東北で一般にみられるような、やや疎林の天然林ではなく、どちらかというと、密生に近い原生林だという。原生林といっても、充実した相と、盛りをすぎて老衰ぎみの相がある。カヤノ平のブナの森は充実相らしい。胸高直径と樹齢との関係は、図20に示されている。

この図から推測すれば、この森のブナは、一〇〇年くらいまでは上木に被圧されてあまり伸びず、一〇〇年すぎてようやく成長が活発となり、一五〇年くらいが成長のピークの状態になる。それで胸高直径はようやく五〇センチだ。ただし、個体差が大きいので、胸高直径から樹齢を推定するのは、かなりむずかしい。樹齢が二〇〇年に達すると、成長は鈍化する。胸高直径が一メートルもある木は、樹齢は三〇〇年以上であるといえる。寿命は四〇〇年くらいらしい。

樹齢と枯死率

これもカヤノ平のデータから。胸高直径の分布と、各直径域の一〇年間の枯死率が図21に示されている。胸高直径が五〇センチ以下では枯死率はきわめて低く、安定しているが、五〇センチを越えると、枯死率は増加しはじめ、その結果、個体数も減りはじめる。胸高直径五〇センチといえば、図20から推定すれば、樹齢は一〇〇年から二〇〇年のあいだにある。そのころからブナの森では、ある木は活発に成長し、その一方で別の木は衰弱・枯死していく、という動きがおこることを示している。

ブナの枯死は、太い高齢の木が、単木的にポツポツ枯れる、という姿をとり、集団的に枯れること

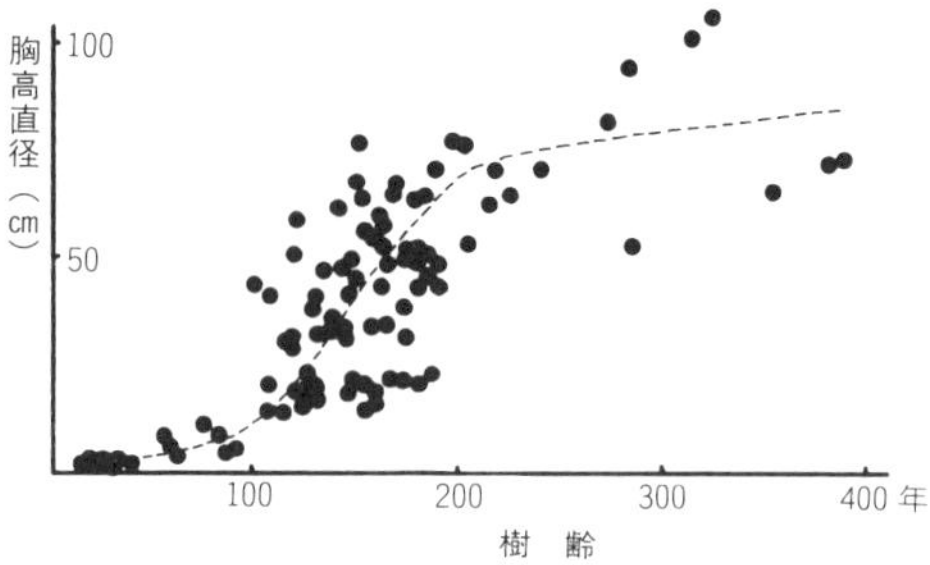

図 20　ブナの胸高直径と樹齢との関係（カヤノ平にて。渡辺, 1989より改図）

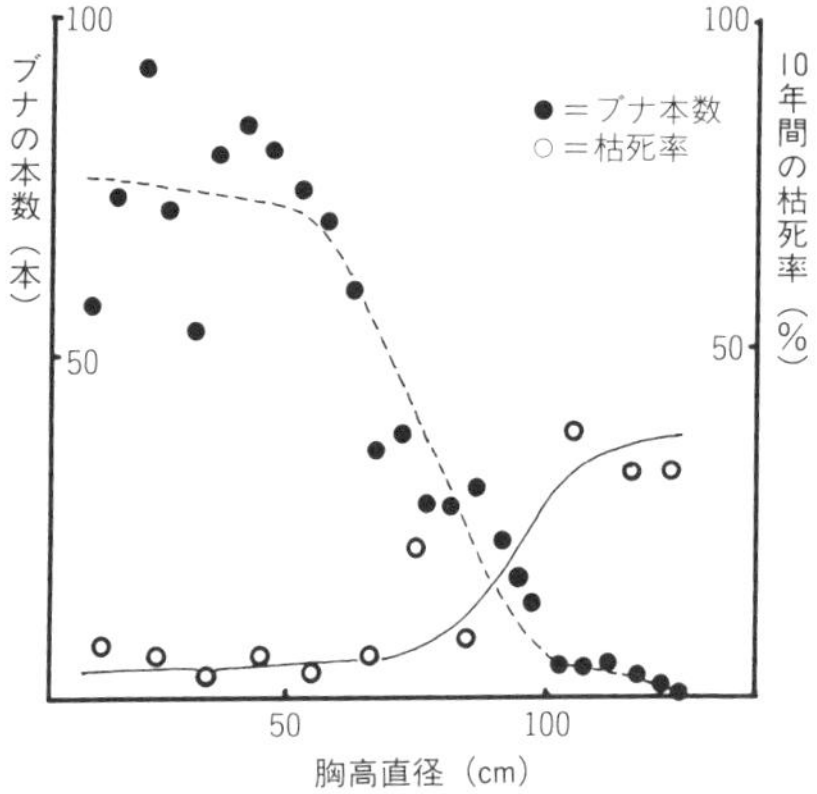

図 21　ブナ自然林におけるブナの胸高直径分布と 10 年間の枯死率（カヤノ平にて。渡辺, 1989 より改図）

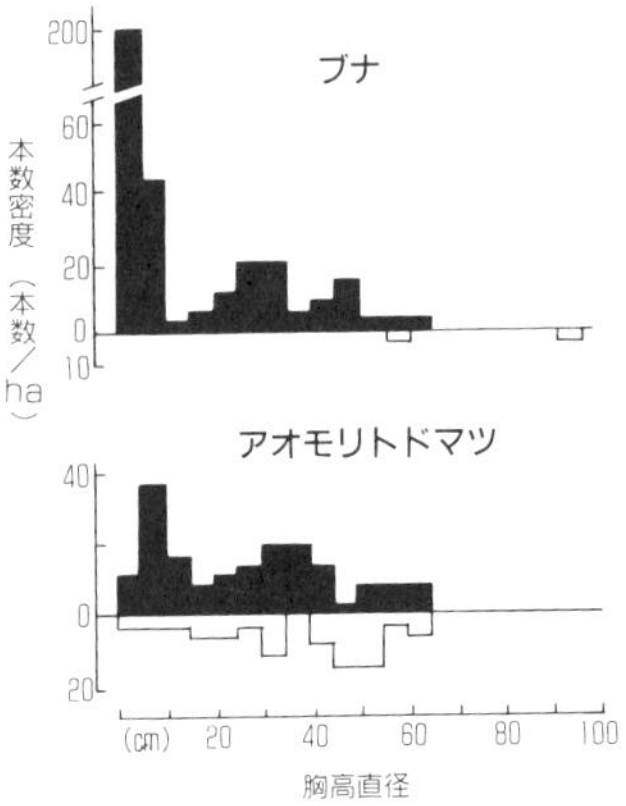

図 22　ブナとアオモリトドマツの生木（黒）と枯れ木（白）の直径分布の比較

（田中, 1986 より）

は少ない。これをアオモリトドマツと比較してみると、おもしろい。
尾瀬の燧ケ岳《ひうちがたけ》の北西斜面にブナとアオモリトドマツの混交林がみられる。その森林の両樹種について、生木の胸高直径分布と、枯死木の胸高直径分布を調べた報告がある。比較してみると、生木の直径分布は似ているのに、枯死木の直径分布はひじょうに異なる(図22)。すなわち、ブナの枯死は高い直径域でポツポツ発生するのに対して、アオモリトドマツは全直径域にわたって、かなりの数の枯死が発生している。つまり、中齢域でも、高齢域でも、集団枯死が発生しているのである。その一方で、稚樹・若木の更新は活発で、森の動きはかなり動的といえる。これにくらべると、ブナの森ははなはだ静的である。

〔文献〕40、65、66、71

7　ブナ更新のなぞ

前章で、ブナの生活戦略をみてきたが、ブナはササ類との戦いで、かなり苦戦しているようにみえる。実際、東北から関東北部、中部、山陰にかけて、ブナの天然林（必ずしも原生林ではない）が数多く残っているが、そのどこでも、ブナの稚樹・若木が少ない。ブナ林の林床には、日本海側ではチシマザサかチマキザサ（クマイザサ）が、太平洋側ではスズタケやミヤコザサが、かなり密に生えていて、それがブナの更新を妨げている、といわれている。

しかしその一方で、現実にはブナの森は、極相林として、広範囲に絶えることなく継続している。これは、どのように解釈したらよいのだろうか。自然条件下で、ブナ林はどのようにして更新するのだろうか。二、三の可能性を考えてみよう。

ギャップ更新説

ギャップ更新説がブナ更新の有力な説になっている。極相林といえども、森の構造は一様ではなく、若齢林あり、壮齢林あり、老齢林ありで、さまざまな林分からなる。そしてその間に、ちょっとした空地が散在している。空地は老木や病木が倒れた跡にできる。そんな空地にブナが芽生え、更新していくという見方である。

生態学でギャップ説がいわれだすと、なにか新しい考え方が生まれたのか、と思われるかもしれないが、林業家は昔から、これを孔状地といい、更新問題の一つとして考えている。しかし一般的には、孔状地はササが繁茂して、更新のむずかしい場所という認識がある。

ブナの場合、ギャップでの芽生え・更新が可能として、では、ギャップの広さがどれほどあれば、ブナの更新がうまくいくかという問題が生じる。驚いたことに、林学ではすでに、四〇年前にこの実験をはじめており、最近その結果が報告された。

実験では、ブナ林のなかにさまざまな広さの伐開地をつくり、空地の広さと後継ブナの成立本数および樹高との関係をしらべている。さらにブナとブナ以外の広葉樹についても比較している。伐採は昭和二十四年、ブナの稚樹発生は昭和二十六年、結果の測定は昭和五十六年と五十七年に行なわれた（図23）。

結果をまとめると、次のようになる。後継ブナの成立本数も、平均樹高も、伐開面積が広くなるほど増大するが、面積が二〇〇平方メートル以上になると、その値はほぼ一定となる。二〇〇平方メートルというと、一辺がおよそ一四メートルの正方形に相当するから、これはブナの老木一本が占める面積にほぼ匹敵する。

また伐開地には、ブナのほかにミズキ、コシアブラ、アオダモ、ウワミズザクラ、ハウチワカエデなどの高木・亜高木性の広葉樹も生えてくる。これらの樹高は、ふつうブナより低いが、面積が二〇〇平方メートル以下の狭い空地では、ブナより高く伸びている。つまり、これらの広葉樹は、狭い空地でも十分伸長する能力をもち、そんなところではブナを圧倒するのだ。しかし、ブナのほうが長命だから、これらの広葉樹が枯れた後は、結局ブナの天下となるだろう。

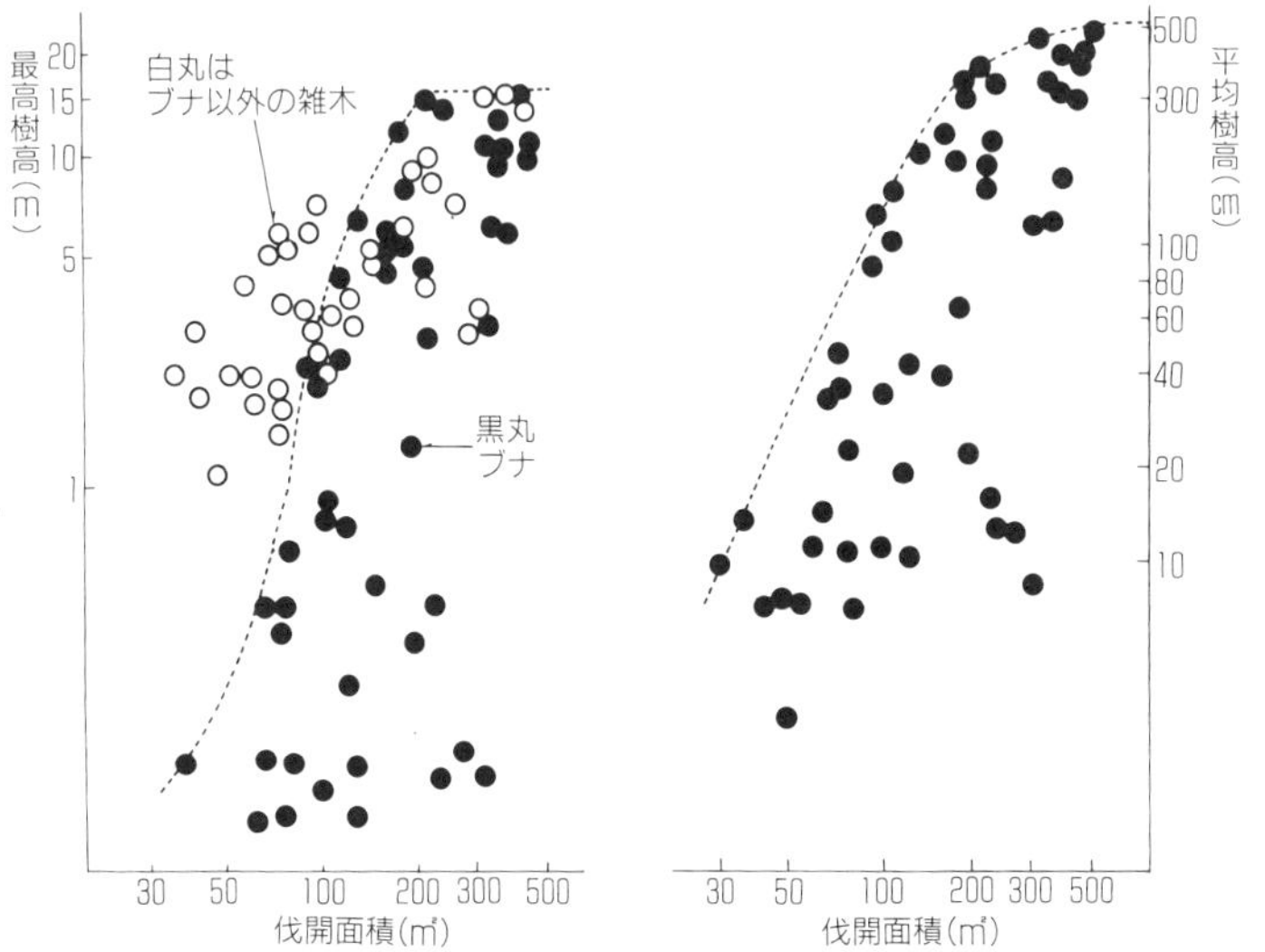

図 23 ブナ林伐開面積の大きさと後継樹の伸長
右＝ブナの平均樹高，左＝ブナとブナ以外の樹種の伸長比較（金・他，1984 より）

このギャップ説にも、依然として問題は残る。すなわち、林内にギャップがあれば、ブナの更新がうまくいくとはかぎらないからだ。なぜなら、老木が枯死し、ギャップができても、ササが繁茂すれば、ブナの更新は困難になるからだ。このことは、いままでさんざん述べてきたことだ。だから、ギャップにササ群落が繁茂した場合、どのようにしてブナ林が形成されていくのか、その説明がなければ、ギャップ更新説は成り立たない。

私なりに解釈すれば、ギャップのなかでまず、ササに強い雑木が更新してくる。それが長い時間をかけてササを抑えこみ、そのあとに若いブナ林が形成され、また長い時間をかけて、雑木林がブナ林に置きかわっていく、ということになる。ギャップ更新説は、ササ群落形成からブナ林形成までの遷移を説明してくれないと、成立しえないように思う。

草食動物による更新説

どこか、ブナがうまく更新している山があれば、見たいものだ、とかねがね思っていたら、東京のWさんから、岩手県北上山地の袖山牧場にブナの稚樹が一面に生えているところがある、という話を聞いて、早速出かけた。

袖山牧場は標高約一〇〇〇メートル、準平原状の地形で、ノシバの草原のまわりをブナ・ダケカンバ・ミズナラの疎林がとり囲むという林相になっている。森のなかも、林床はノシバを敷きつめたようで、どこでも歩ける。ベニバナイチヤクソウのピンクの花が美しい。コバイケイソウが一面に生えている。これは毒草で牛は食べない。林床がすっきりして歩きやすいのは、灌木類が牛に食べられて消滅してしまったからだ。牛の摂食に耐えられるのは、再生力のあるノシバだけだ。また、よそではたくさん見られたササが、この牧場ではほとんどない。これは、どういうことだ。

おそらくササも、牛に食べられてしまったのだろう。ブナの森に生えるササといえば、ふつうチシマザサである。このササは、来年伸びる冬芽が稈の中・上部についていて、その部分が何回も動物に食べられると、ササは再生力を失うのだ。一方、太平洋側の里山に多いミヤコザサは、冬芽が地ぎわにあるため、動物の摂食をまぬかれる。だから、稈が食べられても食べられても、ササは再生することができる（Ⅳ章の5・6参照）。

ふと足元をみると、ノシバのあいだから双葉が一面に出ている。ブナの芽生えだった。ブナは、じゃまもののササがないから、やすやすと実生できるのだ。しかし、ブナの若木はみられない。ブナも、若木に成長すると、牛の餌として食べられてしまうのだろうか。これでは樹林に後継樹が育たず、やがて樹林は崩壊して、草原となってしまうのではないか。しかし、夏の日陰林、冬の隠れ家林としての樹林がなければ、牛などの草食動物は生きていけない。それは動物にとっても困ることだ。そんなことを考えながら歩いていたら、背丈一メートルくらいのブナ

図24　ブナの更新。林床の若木はすべてブナの稚樹。

の若木が一面に生えているところに出た。さらに進むと、ブナは五メートルほど成長して、立派な二次林になっていた。

どうしてここに、ブナ林が再生できたのか。考えられることは、二つある。一つは、人間が柵をもうけて、牛の食害を防ぐ。ブナが大きく育ったら、また間伐して、混牧林に仕立てる。もう一つは、ブナは数年に一度豊作になって、大量のタネを落とし、大量の稚樹を生産する。そのなかから、動物の食害をまぬかれる個体が残る。あるいはもしかしたら、ブナは、シカやカモシカにそれほど好まれない樹種かもしれない。ブナの若木の背丈が林床のササ・灌木類を越せば、もう成林は確実となる。

そういえば、北上山地はブナの森を伐り開いて、牧場にしているところが多い。地形がなだらか、気候は寒冷、雨は少なく、ノシバの発育に好適である。牧場にはブナやシナノキの樹林が点在して、美しい風景を醸しだしている。そんな林間牧場のなかで、ブナの若い樹林をよくみかける。山の人は、放牧をとおしてブナ林の再生法を知っていたのだ。牛もチシマザサを退治して、ブナの更新を助けている。

牛をシカやカモシカに置きかえると、動物によるブナ林の更新説ができる。自然のブナの森には、本来もっとたくさんのシカやカモシカがすんでいたのではないだろうか。そして、ブナの森の林床には、もともとササはあまり多くは存在しなかったのではないだろうか。ブナの森で、老木が倒れて空地ができると、ササや灌木が繁茂してくる。そんな林内草地にシカやカモシカが集まって、ササを食べる。そしてササの繁茂を適当に抑えて、ブナの実生を助けていたのではないだろうか。

〔文献〕26

8　ササ進化論　―日本列島で発展―

ササ群落の位置づけ

日本海側のブナの自然林は、ふつう林床にチシマザサ群落をともなう。植物社会学的には、ブナ・チシマザサ群団として位置づけられている。しかし、ブナ林とチシマザサ群落の結びつきは、あまり意味がないように思う。たしかに、ブナ林も標高の高い地域になると伸びが悪くなり、林もまばらになる。そうなると、林床にチシマザサが繁茂してくる。しかし、ブナ帯の中心域では、ブナはよく伸びる。そんなところでは、林床にササは少ない。

森林土壌学の大家で、ブナ林を詳しく研究された大政先生（故人）は、自然のブナ林はもともとササが少なかったのではないか、と考えておられた。私も同感である。ササ類は光の差しこむ明るいところを好むもので、本来は、草原か林縁の植物といえる。私も最近、東北各地のブナ林を見て歩くが、林相のよいブナ林はどこでもササが少ない。林床にササが繁茂しているブナの天然林は、天然林とはいいながら、人間によって荒らされてきた結果のように思える。

いずれにしても、ブナの更新論には、ササの存在をどう考えるかが問われている。ではブナの更新を妨げているササは、いったいどこからやってきたのだろうか。

ササ進化論

ササの起源は、東南アジアの熱帯・亜熱帯の森のなかに生きているバンブーにあるらしい。バンブーは竹のような形態をした植物であるが、竹とのちがいは、地下茎の発達がない、という点にある。

バンブーは、陽樹に相当する植物だから、暗い森のなかでは勢力を張れず、ふつうは林縁部で細々と生きているようだ。しかし、なんらかの原因で森が破壊され、裸地が出現すると、そこに二次林（竹林）を形成する。ただし、湿性土壌を好む植物であるから、川原の氾濫原のようなところに好んで出現するという。生態的には、温帯のヤナギ類のような働きをしているらしい。地下茎が発達しないというから、繁殖は実生によると思うが、裸地をすみやかに緑化するには、毎年実をならせ、タネを風で飛散させる必要がある。実際は、どんな生活をしているのだろうか。

バンブーは中国南部の温帯（照葉樹の森）にきて、竹に進化する。竹は地下茎を伸ばし、その先からたけのこをつくり、次世代の竹を生産するという、栄養繁殖法をとる。どうして、このような繁殖法をとるようになったのだろうか。

樹木でも、このような栄養繁殖法をとるものがある。たとえば、多雪地帯のスギ、クロベ、アスナロといった針葉樹は、下枝を下げ、枝が地面と接した個所から発根・発芽するという繁殖法をとっている（林業ではこれを伏条更新というが、私は「伏枝更新」と呼びたい）。これは、スギやアスナロのタネや芽生えが、雪のなかで土壌菌に犯されて枯死することが多く、菌対策として考えた樹木の戦略ではないか、と私はみている。

一般に陽樹の実生苗は土壌菌に弱い。竹も陽樹的性格をもつから、タネによる実生更新で、なにか不都合なことでもあるのかもしれない。その弱点を栄養繁殖で切りぬけているのではないかと思うが、栄養繁殖をつづけていると、生物は次第に活力を失う。竹は三〇年か六〇年に一度の割合で結実し、実生繁殖をするといわれている。

竹は中国南部で進化・発展した中国独特の植物で、英名もtakeである。常緑で、寒さに弱いうえに、湿性土壌を好む植物だから、寒くて乾燥する大陸北部へは北進できず、照葉樹林帯をとおって、湿性で暖かい日本列島に入ってくる。そして沖縄でリュウキュウチク（メダケ属）となり、さらに本州でササ属に進化する。ササ属は、竹が日本という風土に適応・進化した、日本特産の植物で、学名も英名もsasaである。さらに一部のササ(チシマザサ)は、日本の冷温帯から亜寒帯（サハリン）まで北上している。竹とササの区別は、稈の皮がすぐ落ちるか落ちないかのちがいだけで、植物形態学的には、本質的なちがいはないとされている。しかし、生態的にみると、大きな相違がある。それは、ササは背丈を低くすることによって寒さに適応し、亜高山帯や亜寒帯まで勢力を拡大

図25 コナラ林の林床で繁茂するミヤコザサ（五葉山にて）

することができたことだ。常緑の葉をもつササ類が、日本の東北や北海道の寒冷地にまで分布を広げることができたのは、ひとえに雪のおかげであると思う。背丈を低くして、雪をかぶることによって、緑葉をもったまま冬を越せるようになったのである。

さて、ササ類の日本での行動をみると、やはり陽樹的性格はかわらず、林縁生活者である。だから、森林国である日本では、自然条件下で大きな勢力を張ることはできなかっただろう。こんななかで、ササが勢力を張るようになったのは、人類が出現して森林を伐採・攪乱したことと関連している、と思う。自然の照葉樹林は、明るい雑木林となり、ササは雑木林のなかまで侵入できるようになった。東北のブナの森では、旧石器時代から人類の活動は活発化し、縄文時代には石斧での森林伐採もはじまる。それにともなって、ブナの森のなかでも、ササは勢力を張るようになったのではないだろうか。

とはいうものの、自然本来のブナの森では、ササの活躍できる場所は少なかっただろう。しかし、ブナの森を越えて亜高山帯にいくと、俄然、ササは繁茂する。そこは風が強く、雪も深く、森林が成立しにくいところだ。山が疎林になるところで、ササは繁茂する場を見つけたようだ。東北の亜高山帯はチシマザサの天下となる。

このように考えてくると、自然本来のブナの森では、ブナの更新を妨げるほどササが勢力を張っていたとは考えにくい。だからブナは、ササに対して特別な防衛戦略をとっていない。ササによるブナの更新妨害は、人類が出現してきた以後のできごとではないか、と私は思う。ブナの更新妨害に人間がかかわっているとすれば、人間は、ブナのためにササをうまく抑えてやる義務があろう。

（中国大陸にもササ型植物が存在するらしいが、それがどのようなものか、私には知識がない）。

〔文献〕61、63

9　ブナの森探訪　―ブナとカンバ類とシナノキ―

平庭高原のシラカンバと袖山牧場のダケカンバ

北上山地はブナ帯に属する。しかしこの地域は、雪の多い東北の日本海側や中央部の奥羽山地とちがって、ブナが山全体を独占的に支配しているようでもない。もともと北上山地の自然林はどんな姿をしていたのだろうか。

北上山地といえば、かつては日本のチベットともいわれ、文明から隔絶され、原始の自然が広がっていると思われがちだが、実際は、藩政時代から馬の生産がさかんであったし、明治以後は、赤牛の林内放牧も活発で、山々は牧場と採草地がつらなっている。地形が比較的なだらかで、雨量も少なく、放牧に適しているからだが、そのため自然の森はかなり破壊されてしまったようだ。

ある年の五月中旬、東京の仲間と北上山地の森林探険に出かけた。岩手県山形村の平庭《ひらにわ》高原でみごとなシラカンバの純林をみた（169ページ図67）。シラカンバのような陽樹は、森林が破壊されたときに、真っ先に姿を現わす木だ。最初は、山火事の跡地かと思ったが、あとで役場の人から聞いたところによると、このあたり、昔から炭焼きをしていたところで、伐採跡地に自然発生したシラカンバ林を、保護、手入れしたものだという。

以前はおそらく、コナラやヤマザクラなど、炭になる木が保護され、役に立たないシラカンバなどは伐り除かれていたことだろう。世の中が変化して、炭や薪は必要でなくなり、今度はシラカンバだけが保護されるようになった、というわけだ。いまは、夏はキャンプ場、冬はスキー場として賑わっている。シラカンバの林は、都会から来た若者たちには評判がいいという。いずれにしても、北上山地はシラカンバが好む風土であることはまちがいない。

平庭高原を登りつめると、袖山牧場まで縦走するハイキング・コースがある。袖山牧場は標高約一〇〇〇メートル、ここまで登ってくると、ダケカンバの世界だ。ブナとミズナラとダケカンバが混交する明るい森のなかを、赤牛の親子がのんびり草を食べている。自然の森をぬき伐りして、林間放牧地にしているのだ。

図26 キベリタテハ
（開帳7cm）

林間もノシバのじゅうたんを敷いたようで、どこでものんびり歩ける。梢からはビンズイの晴れやかなさえずりが落ちてくる。キベリタテハが舞っている。黒っぽい色の翅の縁が、黄色にくまどられて、美しい(図26)。蝶は、まもなくダケカンバの葉に卵を産み、幼虫はその葉を食べる。高原の樹林を好むこの鳥と蝶が、標高一〇〇〇メートルあたりの、北山山地の自然の特徴をよく示しているように思われた。

標高一〇〇〇メートルというと、奥羽山地ではブナがもっとも勢力を張る高さであるが、北上山地ではダケカンバの勢力がかなり強い。ダケカンバは、亜高山帯でアオモリトドマツといっしょに生活している、ただ一つの高木性の広葉樹である。つまり、寒くて風が強く、乾燥する、きびしい環境によく耐える木なのだ。ダケカンバも、北上山地の自然をよく表わしている木といえる。

図 27 森の王様の木，シナノキ

森の王様の木はシナノキ

北上山地には、もう一つの重要な木がある。山の牧場のなかで、点々と日陰林をつくっている木、シナノキである。シナノキといえば、八甲田山麓の萱野《かやの》高原を想い出す。ノシバの草原のなかに、シナノキの大木が点在し、八甲田の峰々を背景に、優美な景観をつくり出している。萱野高原も牧場なのである。

別のある年の五月、北上山地にシナノキの巨木があるということを聞いて、探訪に出かけた。早坂峠から尾根筋に沿って林道をゆく。右も左も青々とした牧場だ。ところどころで若緑の葉といっしょに白いサクラの花が咲いていた。ミヤマザクラらしい。

しばらく行くと、樹林が現われた。あった！　なんともでっかい木だ。胸高直径は二メートルもあるだろうか。太い枝を横に張り出しているので、樹高はそれほどではない。葉を見たら、かわいいハート型をしていた。まちがいなくシナノキだった。この木を土地の人は森の王様の木と呼んでいた（図27）。

この樹林は、森の王様が鎮座するがゆえに、伐採をまぬかれたようだ。王様がいるくらいだから、このあたりシナノキのふるさとにちがいない。林道をさらに進むと、地形は平坦となり、落葉広葉樹林の中に入った。シナノキを主木に、ブナ、ミズナラ、ダケカンバ、トチノキ、サワグルミが混交している。ブナもシナノキも、よく伸びている。樹齢は一〇〇年か一五〇年くらいだろうか。この森は確かに、北上山地の自然林型の一つだ。

ところで、日本でシナノキの多い地方といえば、長野県と北海道である。それに今回の調査で、岩手県北上山地にも多く産することがわかった。この分布はシラカンバと同じで、シナノキが寒冷で乾燥する風土を好むことを示している。葉が小さくて、やや硬いのは、育った風土が風の強い乾燥地である証拠だ。

ところが、早坂峠のシナノキ林は、まことに変な樹種構成である。乾燥地を好むダケカンバがあるかと思えば、湿地の木トチノキやサワグルミも生えている。ブナが多いところをみると、土地はよく肥えているようだ。北上山地というところは、肥沃な場所でも、ブナがひとり占めせず、いろいろな木が仲良く生きている。

シナノキの利用　―しな布と養蜂―

シナノキの樹皮は、繊維質が良好で切れにくい。そのため、東北地方では昔はこれで糸をより、着物を編んだ。シナノキの布は「しな布」と呼ばれている。現在しな布の産地は、新潟県から山形県にかけてみられる。私は、山形へ行ったとき、関川産のしな布ののれんを買った。粗い麻の布に似た感じだ。縄文人はこれを着ていたのだろうか、などと考えると、結構たのしい。

新潟県から山形県にかけての日本海側は、シナノキより葉の大きいオオバボダイジュが多いようで、しな布もオオバボダイジュで作られるという。東北ではシナノキを「まだのき」というが、オオバボダイジュは「おおばまだ」と呼ぶこともあるらしい。北上山地の岩泉あたりも、かつてはしな布の産地であったというから、以前は、北上山地にもシナノキが多量に自生していたことがわかる。

シナノキは蜜源植物としても有用だ。梅雨のころ、南蔵王の沢沿いの山道を歩いていて、緑の樹林のなかに、白い花を枝一面に咲かせている木に出会った。いまごろなんの花だろう？　近づいてみると、甘い香りがして、蜂がブンブンたかっていた。シナノキだった。これでは、蜂も好むわけだ。北海道のシナ蜜は有名だが、しかし、東北ではシナノキから蜂蜜をとる話は聞かない。

福島県の奥会津で、ブナの天然林のなかで養蜂・採蜜が行なわれているという話を聞いた。養蜂というと、ふつうは、花を追って鹿児島から北海道へと移動採蜜するものだが、奥会津の養蜂の特徴は定住型で、五月から十月まで、ヤマザクラ、リンゴ、トチノキ、キハダ、コシアブラなどの樹木類とソバの花から、季節を追って順々に採蜜している。

私は、山形県朝日町からキハダの蜂蜜をとり寄せている。くせがなく、まろやかな味で、本当においしい。食後、紅茶に入れたりしてたのしんでいる。キハダは有名な薬樹だから、きっと体にもいいことだろう。

私は、かねてから山村活性化の一つとして、定住型の養蜂がおもしろいのではないか、と考えている。その場合、東北でもシナノキの蜜を利用すべきだ。花の少ない八―九月は、ウコギ科の仲間、たとえばハリギリ、コシアブラ、タラノキの花をうまく利用するのが、季節をつなぐコツだ。ただし、そのころはホツツジやヤマトリカブトの毒花が咲くので、要注意。

しかし、ブナの森のなかでの養蜂は、だんだんやりにくくなっている。福島県養蜂協会会津支部のMさんの資料によると、会津地方の蜜源樹は、昭和二十年代の一〇分の一にまで減少してしまった。原因は林野庁のブナの森の伐採にある。現在も樹齢一〇〇年ものトチノキが伐られつづけているという。このままでは、養蜂業は消滅するしかない。Mさんは、ブナ林の伐採を直ちに中止し、蜜源資源を保全してほしい、と訴えている。

10　ブナの森探訪　―ブナとスギとアスナロと―

蔦温泉のブナ

奥入瀬《おいらせ》渓流はブナ帯の真っただ中、美しく青き流れに沿って、トチノキ、カツラ、サワグルミ、ハルニレ、ドロノキなどの大径木が、東北の原始の森の姿をみせてくれる。奥入瀬川はきわめて安定した川である。その原因は、水源の十和田湖がでっかい水瓶であること、湖と川の周辺がブナの原生林でとり囲まれていることにある。

奥入瀬渓流は何回か歩いて、そのすばらしさはよく知っている。しかし、十和田湖と奥入瀬川周辺のブナ林については、いまひとつ実感がなかった。人に語るには、まず自ら体験すべし。私は半年前から予約をとって、平成三年の五月末、蔦温泉に出かけた。女房と道づれの、気ままな二人旅となった。

温泉の裏山はブナの森だった。遊歩道が完備していて、高低差があまりなく、自然観察には理想的な場所だった。森のなかに入ると、キビタキとコルリがさかんに鳴いている。大小さまざまなブナの木のほかに、ミズナラ、トチノキ、カツラ、サワグルミ、オニグルミ、ヤチダモ、ハリギリ、ウダイカンバ、イタヤカエデ、シウリザクラ、ダケカンバなどが混在している。林床はササが少なくて、どこでも歩ける。明るくて、気持ちのいい森だ。

蔦沼は、ブナに囲まれた美しい沼で、赤倉岳の残雪が静かな湖面に映えていた。湖畔では、コヨウラクツツジがかわいい赤花をつけていた。

野鳥のコースを一周する。森のなかを小さな川が走っている。源へたどっていくと、小さな泉になっていた。清冽な水が湧き出ている。ブナの森の、厚い落葉層と地層を通過して、水は濾過され、清められ、ミネラル・ウォーターになって出てくるのだ。

あたりは、ほとんどブナの原生林であるが、部分的に若いブナの密生しているところもあった。これは伐採後に成立した二次林だ。伐採しても、更新がすこぶる良好であることがうかがえる。

ミソサザイがやってきて、体に似合わない、大きな声でさえずる。長沼では二羽のオシドリがのんびり遊泳していた。

翌日は、車で十和田湖畔を一周した。滝の沢峠はちょっとしたノシバの広場になっていて、巨大なブナの木が散生していた。こんなでっかいブナをみるのは、はじめてだった。広場はチシマザサのたけのこ採りの人たちで賑わっていた。御鼻部山の駐車場は、ブナとダケカンバの林のなかにあった。そして湖の斜面はブナの原生林だった。車道沿いにサンカヨウの群落が白い花をつけていた。

それから八甲田山麓を一周した。どこもかしこも、ブナの原生林か二次林で、二次林の生育もみごとで、全域がブナの森という感じだった。このあたりのブナの森は、面積的にも、日本一ではないかと思った。

下北のブナとアスナロ

もう一〇年も昔のこと、林学会東北支部のエクスカーションで、津軽半島のヒバ林を見学したことがある。当時の印象は、いたるところの山にヒバ、つまりアスナロが生えており、なぜ、かくも青森という風土にはヒバが多いのか、疑問に思った。津軽・下北半島もブナ帯だが、ブナはどんな生活をしているのだろうか。

蔦温泉のブナの森を見てから一か月ほどして、下北のブナとアスナロの探訪に出かけた。自動車で八戸から青森県に入ったが、里山にはヒバの天然林らしきものはみあたらなかった。恐山へ登る山道で、かなり登ったあたりから、ヒバの森が現われた。あすなろラインをとおって薬研《やげん》温泉へむかった。この車道沿いには、みごとなヒバの自然林がつづいていた。ヒバは、ブナなどの広葉樹と混生していた。割合は、ヒバがもっとも多く優占的で、ついでブナとミズナラが多くて亜優占種の位置にあり、トチノキ、サワグルミ、カツラ、イタヤカエデ、ヤマハンノキ、ホオノキ、コシアブラ、ハリギリ、ミズキ、シナノキ、ウダイカンバ、アカシデ、ハクウンボクなどが、車窓から観察できた。

今回の旅で、青森県のヒバ林は次の三か所、すなわち、一つは下北の恐山から薬研にかけての山塊、もう一つは、津軽の眺望山から増川岳にかけての山塊、さらに、野辺地町西方の烏帽子岳を中心とする山塊に、集中的に存在することがわかった。つまり、それは、津軽湾をとり囲む山塊ということになる。これは一体、なにを意味するのだろうか。青森県でも、白神山地や八甲田山地になると、もうヒバの集中的出現はみられなくなる。そして、そこはブナの天国となる。

　下北でのヒバ林の出現場所を観察すると、ブナの森のなかでも、特殊な土壌条件（恐山周辺の強酸性土壌）の区域や渓谷の斜面に多く出現する。これは、秋田県における天然スギの出現する場所と、よく似ている。そして、おもしろいことに、津軽・下北半島には、天然スギは分布しないのである。

秋田のブナとスギ

スギは鹿児島県屋久島から青森県の南部まで分布している。ブナは鹿児島県大隅半島から北海道南部の渡島半島まで分布している。ブナのほうが、いくらか北に寄っているとはいえ、分布範囲はほとんど同じといってよいだろう。また、どちらも日本海側の豪雪地帯を生活の本拠地にしている。生態的にも似たところが多い。

　秋田県は天然スギの本場である。そこでは、スギはブナと、どのようにかかわりながら生活しているのだろうか。その辺の様子を知りたくて、私はジープで探訪に出かけた。これはもう、一〇年も前の話である。

　秋田市の東、約二五キロメートルのところに太平山という山がある。その山麓に林野庁の仁別《にべつ》自然休養林があり、秋田スギの森が保存されている。秋田スギ探訪の旅は、仁別からはじめた。太平山（一一七一メートル）は、山頂部はもこもこしたブナの森だったが、中腹以下の沢筋は、黒っぽい三角樹型の天然スギがかなり密に生えていた。

　駐車場に車をおいて、沢を渡り、森のなかを歩く。ブナ、トチノキ、カツラ、サワグルミの大径木があり、クロベやアスナロもみられた。これは、東北のブナの森なら、どこでもみられる森の風景である。しかし、秋田ならではの風景、それはスギの圧倒的な多さである。

途中、カモシカに出会った。黒い、つぶらな瞳がこちらを見ている。ふさふさした灰黄褐色の毛がつやつやしている。太平山はカモシカの生息密度がきわめて高いところだ。それは、ブナの森のなかにスギ、クロベ、アスナロ、ヒメコマツなどの針葉樹林が多いことと関係がある。針葉樹林は、冬季、カモシカたちの隠れ家になるからだ。また、針葉樹林内では、積雪量が少なく、ヒメアオキやハイイヌガヤなどの緑葉を、餌として利用しやすいからでもある。

仁別から山越えで、マタギの里、阿仁《あに》へ向かう。このあたり、秋田スギの本場と聞いていた。スギの天然林と人工林がモザイク状にならんでいる。林道を何回も曲折し、高度を上げていく。馬場目岳の山懐を巻くようにして、太平山系の峠を越え、五城目町から上小阿仁村への林道に入る。ここで、また峠を越える。下方に湖が青く光っている。小阿仁川の上流に造られた萩形ダムだった。ダムができるような急峻な地形は、木曽谷であれば天然ヒノキの世界だが、ここでは天然スギの世界だった。ダムから下流は緩やかな渓谷となり、ブナが増えて、スギと混交している。

阿仁の町を通過し、太平湖にむかう。途中、森吉山をみる。富士山を小さくしたような、なだらかな山で、ブナばかりのようにみえた。(実際、後になって、森吉に登ってみて、深いブナの原生林におおわれていることを知った。もっとも、いまはスキーのゲレンデ開発で、ブナ林はかなり荒れてしまったが。)

太平湖では、天然スギはみられなかったが、湖にそそぐ対岸の小又峡には、かなり天然スギがあると聞いた。進路を東北にとり、比内にむかう。途中、砂子沢峠で、またまた天然スギの繁るのをみた。

もうほとんどなくなった、といわれている天然の秋田スギの森をたくさんみて、私はすっかり満足していた。このあと、県境を越えて岩手に入ったが、もう天然スギの姿はなかった。

秋田県では、スギはブナと結構仲良く生活していた。青森で、ヒバとブナが仲良くしていたように。東北のほかの県では、ふつう、スギよりブナのほうが卓越しているが、秋田では、なぜスギはブナに負けないほど元気がよいのだろうか。

図 28　ブナの森のなかの天然スギ（鳴子町，自生山）

東北のブナの本場

東北北部三県についてみると、ブナ林は積雪量の多い秋田と青森に多い。しかし、秋田と青森は、また、ヒバとスギという針葉樹林も多い。そんな中で、ブナ林が卓越している地域がある。白神山地、十和田から八甲田にかけての山地、裏八幡平から森吉山にかけてと乳頭《にゅうとう》温泉あたり、の三地域となる。この地域は、なぜか天然のスギもヒバも、数が多くない。その結果として、ブナの天国になったようだ。

東北南部三県についてみると、いずれもスギ林やヒバ林が卓越している地域はない。だから、逆にブナ林が卓越する結果となっている。その代表を、山形県の朝日連峰と飯豊《いいで》連峰にみることができる。いずれも、山の懐が深くて、山男でない私にとっては、ブナ林の全貌を把握することはむずかしい。

東北大学農学部での私の講義「森林生態論」のレポートで、ある学生は朝日に登った体験を書いていた。「歩いても、歩いても、ブナの森が続き、いやになるほどだった」と。飯豊の山も、似た状況らしい。

宮城県のブナ林も捨てたものではない。ある年の夏、鳴子町鬼首の須金岳を登ったが、頂上近くから眺めたブナ林はすばらしかった。奥鬼首の山々から栗駒山の山麓にかけて、ブナの樹海が広がっていた。そして県境を越えた北側は秋田県の皆瀬村、ここも、どうやらブナの秘境らしい。栗駒・須金・虎毛《とらけ》の稜線を軸にした宮城・秋田の山塊は、岳人以外にはあまり知られていないところだ。隠れたブナの宝庫ではないかと思う。

III　森の消費者・昆虫

1　森の動物の代表は昆虫と野鳥

木の葉は栄養生産工場

　東北の山村にすんで知ったたのしみの一つは、春の山菜採りである。年をとるにしたがって、山菜がおいしく感じられるようになった。タラノキの芽は、てんぷらにしても、ごまあえにしても、たしかにおいしい。くせがなくて、都会人好みの味がする。だから、五月の連休のころともなれば、野山のタラノキの芽はほとんど摘まれてしまっている。しかし最近、私はあまりタラノキにこだわらなくなった。こんなときは、別なものを探そう。例えばコシアブラの新芽やミツバアケビのつるの先端部。やや苦みがあるが、むしろ野性味があっておいしい。

　植物の葉は葉緑体をもち、光合成によって無機物―水、炭酸ガス、窒素、リン、ミネラル―から有機物―糖分やアミノ酸―を生産し、澱粉や蛋白質という形で貯蔵している。つまり植物の葉には栄養がいっぱいつまっている。そして動物はその栄養をいただいて生きている。じつは、それらの栄養は、もともとは植物が自分自身の生活のために生産したものである。それがいつしか、動物たちにも分け与えられるようになった。植物のめぐみで、動物は大繁栄できるまでになったのだ。

　森の中には、動物の食べ物がいろいろある。だれでも思いつくのは、木の芽と木の実、山菜ときのこであろう。しかし、動物にとって栄養になりうるもので、もっとも量的に多いのは、じつは、木の葉と材である。ブナは、胸高直径四〇センチの木で約一〇万枚の葉を、六〇センチの木で約三六万枚の葉をつけるという。また、材がいかに大量にあるかは、森の木々の幹が、ほとんど材からできていることから、容易に想像できる。われわれが木の葉や材を食べ物として認識しないのは、人間にとってそれらが硬くて食べられないからにすぎない。

材が硬いのには理由がある。樹木は地上に立つ多年生の植物だ。高く立ち上がることによって、光を確実に得ることができ、森の支配者になれた。だから強風に襲われても倒れないよう、幹は強固な木質部からできている。木質部で鉄筋の働きをしているのがセルロース、セメントの働きをしているのがリグニン、両者を接着する働きをしているのがヘミセルロースである。木材は、動物にかじられ、分解されても困るので、動物には消化できないような構造になっている。動物に対する樹木の抵抗戦略なのである。

図29　野草を食べるウシ（林間放牧）

木の葉が成熟して硬くなるのも、やはりセルロースやリグニンが多くなるからだろう。葉には網目状に脈が張りめぐされているが、これらの葉脈のなかにある管は水やミネラルや糖分やアミノ酸の通路で、その壁はやはり強固にしておかねばならないのだ。

森の動物の代表は昆虫と野鳥

われわれは、シカやノウサギをみて森の動物という。ほんとうにそうだろうか。そもそも森の動物とはなにか。森の動物とは、一口でいえば、森という環境にもっともよく適応した動物、ということになる。そのための条件は二つある。

第一に、森のなかに豊富に存在する栄養物（木の葉と材）を、食料源として利用できる。

第二に、森という立体構造のなかで、不自由なく生活できる。

では、木の葉と材を食料源として、うまく利用している動物はなにか。

木の葉食い動物の代表は、シカとカモシカである。では、これらの動物は、どのようにして、葉のセルロースを消化するのだろうか。彼らは強大な歯と四つの胃をもち、木の葉を反芻咀嚼しながら、時間をかけて粉砕していく。胃のなかには、細菌や原生動物が無数に生息していて、細かくなったセルロースを分解・消化する。その消化物を胃腸から吸収するというやり方である。

これらの草食動物は、地上に生える草や灌木の葉を食べているが、木に登って樹上の葉を食べることはない。大きな消化管をお腹にかかえる作戦をとったため、木に登ることがむずかしくなったのだ。そして彼らは、木の上に豊富にある餌（葉）をあきらめ、地上の草や灌木の葉を食べる動物、つまり草原動物の方向に進化したのである。

木の葉を栄養源としてよく利用しているもう一つの動物は、昆虫である。そのなかでも木の葉食いの代表といえば、蛾とハバチをあげることができる。では、蛾の幼虫は、どんな形になっているのだろうか。

蛾の幼虫は、キチン質の頭部と、一三の環節からなる胴体で構成されている。頭部には鋭い歯と口があり、胴体は全体が消化管と化している。ハバチは膜翅目に属し、鱗翅目の蛾類とは、系統的にかなり異なるグループであるが、幼虫の形は蛾のそれとそっくりである。相違点は腹脚の数だけだ。どちらも、このような「いもむし」型になったのは、ただ一つ、木の葉をよく消化しようという作戦から出た一致なのである。

蛾の幼虫は、鋭い歯で木の葉をかみきり、咀嚼し、消化管に送り、澱粉や蛋白質などを消化・吸収する。消化できないセルロースは糞として排出する。ただ、利用できる栄養物は、量的に少ないので、必要量の栄養をとるために大量の葉を食べ、大量の糞を排出しなければならない。そんな食生活から導き出されたのが、いもむし型の体型なのだ。しかも、胸部には三対のキチン質の硬くて鋭い胸脚、腹部には肉質で先端に細かい鈎針を多数備えた四対の腹脚、そして尾端にも一対の肉質の尾脚を備えている。この脚でいもむしは、木の葉や枝にかじりつき、幹をはい上がり、森のなかを自由に歩きまわることができる。

さらに幼虫から成虫になるとき、蛾は、いもむしスタイルから、翼をもったジェット機に変身するという、革命的な構造変化をやりとげる（ハバチの場合は、透明の翅をもつハチに変身する）。これが変態と呼ばれるものである(図30)。そして、食生活も、水か樹液あ

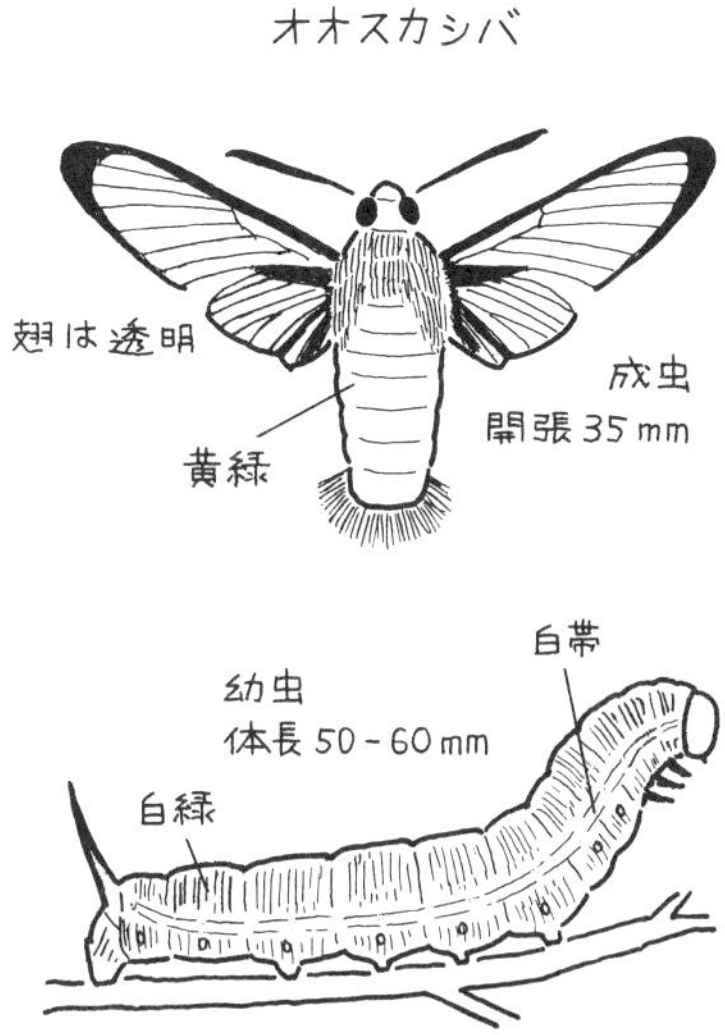

図30 オオスカシバ
成虫はジェット機，幼虫は消化器。
クチナシの葉を食べる。

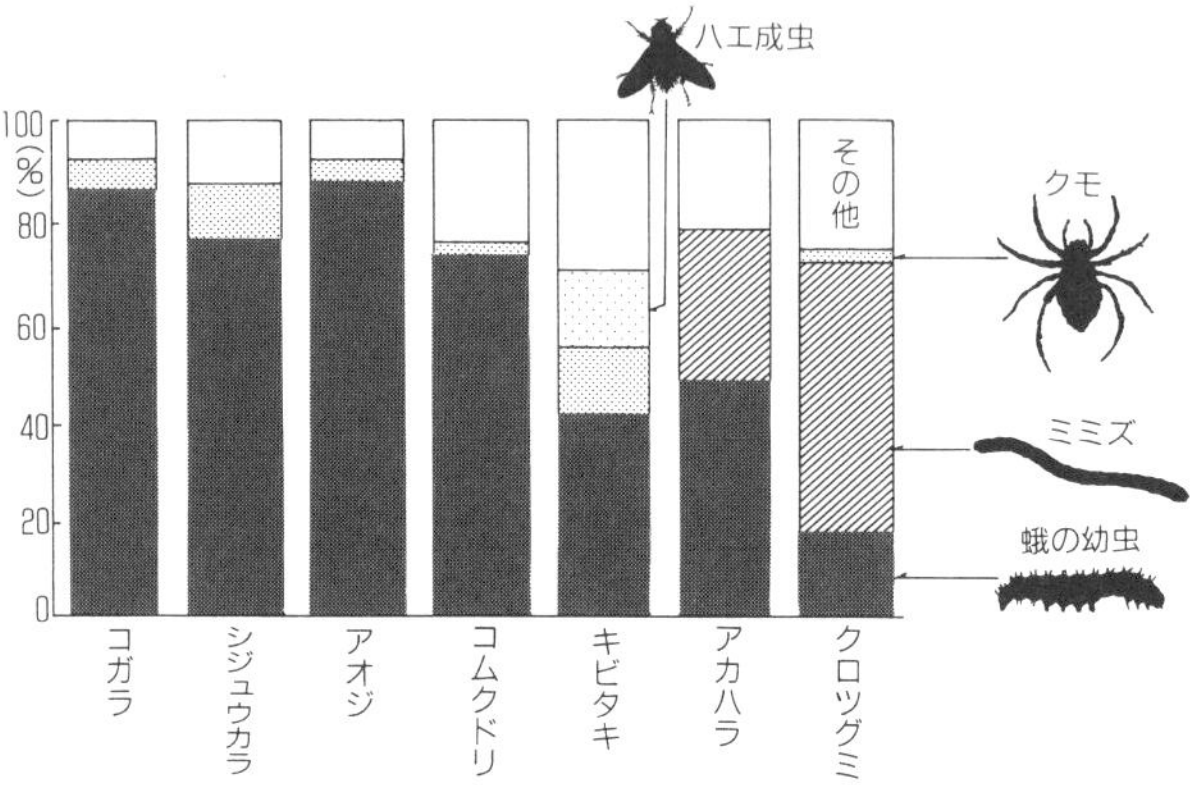

図31 主な野鳥が育雛に用いる餌

(岩手県にて。由井のデータより作図)

るいは花の蜜を吸うだけという、簡単なものにかえてしまう。蛾の変態は、森という立体的環境によりよく適応しようとした昆虫の作戦といえる。幼虫期には木の葉を食べ、成虫になると森の空間を飛びまわる(主たる仕事は繁殖活動)という生活をする蛾は、まさに森の動物といえる。同じことがハバチについてもいえる(図33)。

では森のなかで、たのしげにさえずる野鳥たちは、森の動物といえるだろうか。先に述べた二つの条件について考えてみよう。まず第一の条件、野鳥たちは木の葉を餌として利用しているか。否である。では、森の動物ではないといえるか。そこで、森にすむ代表的な野鳥はなにを食べているか、しらべてみよう。

シジュウカラやアオジがもっとも好む餌は蛾の幼虫であり、クロツグミがもっとも好む餌はミミズである(図31)。つまり、シジュウカラやアオジは、蛾の幼虫を主食にすることによって、木の葉を間接的に食べているのであり、クロツグミはミミズを食べることによって、落葉を間接的に食べているのである。

さらに野鳥たちは翼をもっていて、森という立体空間を完璧に利用している。森にすむ野鳥は、やはり森の動物である。

尺取り虫の作戦

樹木の葉をしらべていると、よく尺取り虫をみかける。すらりとした体形で、尺をとる独特の歩き方。尺取り虫はどうしてあのような独特な歩き方をするのだろうか。

尺取り虫の特技は、木の枝に静止して、木の枝の一部であるかのようにみせることである。これは、野鳥の目をごまかすための作戦だ。そのため、胴体は棒のように、すらりと細長くしなければならない。一般に蛾の幼虫は、腹部に肉質のいぼのような腹脚を四対もっている。しかし、大きな脚が四対もあっては、虫であることがばれてしまう。そこで、思いきって腹脚を一対に減らしてしまったのだ。そのかわり、残った一対の腹脚と尾脚はよく発達していて、木の枝に固定すべく強い力をもっている。こんな体形改造をしたものだから、歩くときは尺をとるような歩き方しかできなくなったのである（図32）。

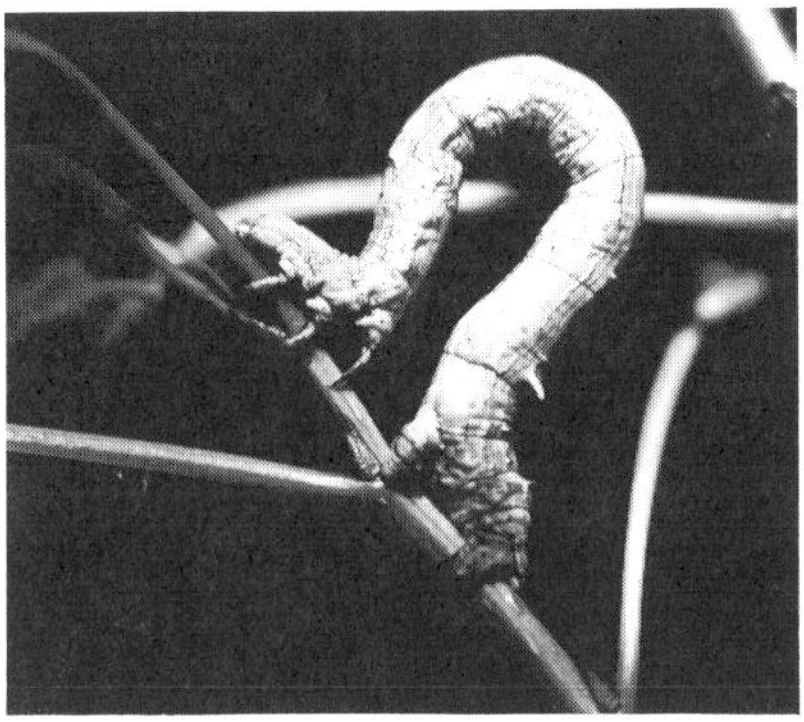

図32 尺取り虫

森にすむ蛾の幼虫はほとんど、淡緑色か茶褐色の地味な色をしている。枝や葉の色に似せているのだ。野鳥をたいへん警戒していることがわかる。マツ林にクロスズメという蛾がすんでいる。幼虫は、緑と褐色と白の縞がたてに走っている。褐色は枯れ葉に、白は針葉の気孔列に似せている。幼虫だけとり出すと派手にみえるが、松葉のあいだに入ると、もうわからない。

ところが虫のなかには、派手な色彩をして、よく目立つものがいる。広葉樹の葉を食べるモンシロドクガの幼虫は、黄と赤と黒の派手な模様をしている。これは毒蛾の仲間で、体毛に触れると、かぶれる。この派手な色は、保護色と反対の、相手を警戒させる色だ。

ブナの森を歩いていると、ルリミノウシコロシの葉に群がる派手な虫をよく見かける。シロシタホタルガの幼虫である。黒地に黄斑が並んでいて、すこぶる目立つ。体に刺毛があり、触れると刺毛の基部から透明な液を出すというから、なにか野鳥の嫌がる匂いか味があるのだろう。トンボエダシャクやヒョウモンエダシャクの幼虫も、黒と黄色の縞模様で、よく目立つ。ヒョウモンエダシャクの幼虫はアセビの葉を食べるというから、アセビの毒を体内にもっているのかもしれない。赤や黄色など、派手な色彩の虫には、触らないこと。

〔文献〕68、69、73、74

2 消費者のルール

マツノミドリハバチの誤算

森は生態系というシステムのなかで生きている。無機物から有機物を作り出す植物は、生態系の生産者だ。動物は、植物がつくった栄養を消費して生きている。だから生態系のなかでは消費者と呼ばれている。

消費者のなかでも、植物から直接、栄養をとる一次消費者の挙動は要注意である。なぜならそれは、生産者を破壊する危険があるからだ。樹木が生産活動に余裕をもって生活していることは、第I章で述べた。葉が昆虫たちに食べられることを計算にいれて、葉量を十分に多くしているのである。しかし、いくら食べてもいいといっても、限度がある。度がすぎると生産者の活動に支障をきたす。消費者のほうも節度を守らなければ、生態系は破壊される。

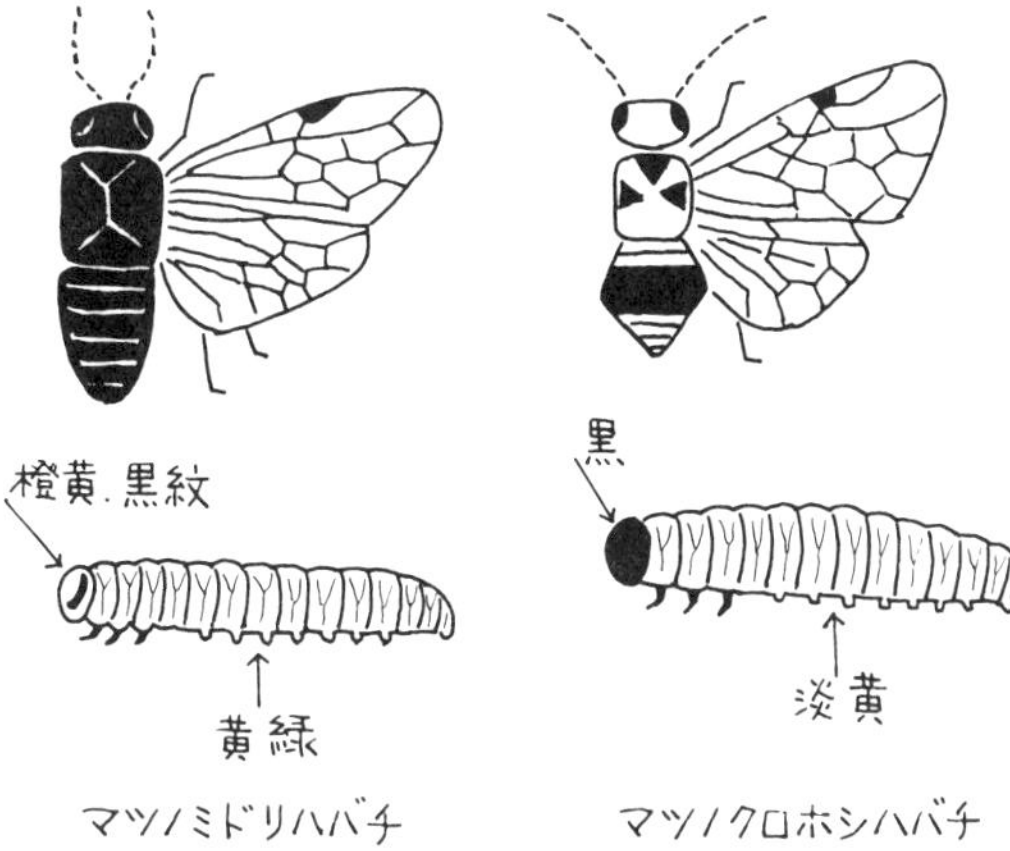

図33 森のハバチ2種
右＝マツノクロホシハバチ，左＝マツノミドリハバチ

木の葉を栄養源にしているものに、ハバチの幼虫がいる。ハバチというのは原始的なハチ（膜翅目）の仲間で、蛾（鱗翅目）とは系統的にかなり異なる。ハチ類の多くが肉食であるのに、ハバチの幼虫は植物の葉を食べるものが多い。そして、幼虫の体の構造は、やはり全体が消化管と化しており、蛾の幼虫とそっくりの形をしている。

マツノミドリハバチという種がいる(図33)。学名をNeodiprion japonicaといい、日本にすみ、幼虫は緑色で、マツ属の葉を餌としている。ふだんはア

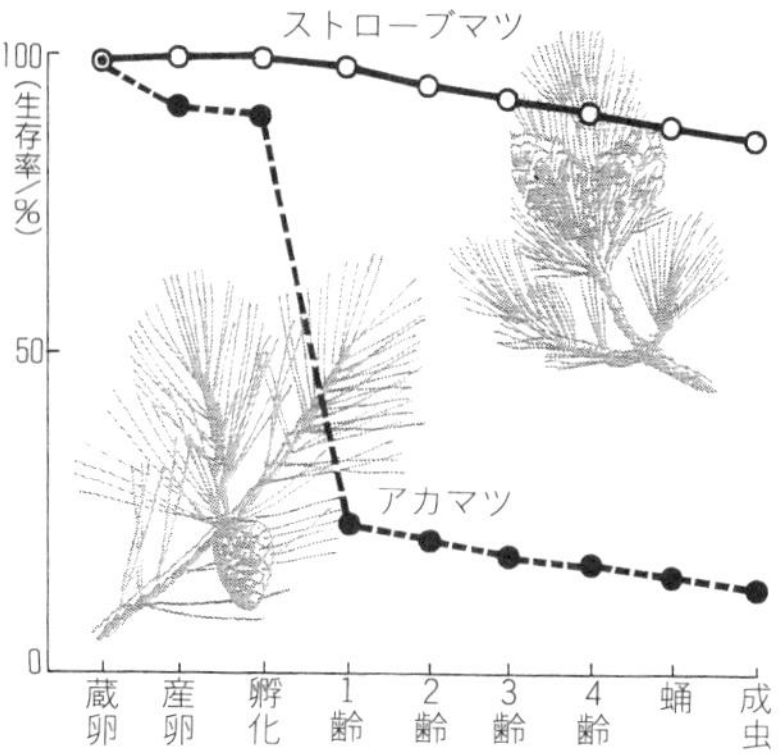

図34　アカマツ（本来の宿主）とストローブマツ（外来の宿主）で飼育した場合の，マツノミドリハバチの生育比較　（佐藤，1981より）

カマツの葉を食べているが、大発生して問題をおこすことはない。ところが、アメリカ産のストローブマツ（ストローブ五葉松）が東北地方に植栽されてからは、少し様子がおかしくなった。ストローブマツの林で大発生し、葉を丸坊主にするほど食害し、結局、その林を破壊してしまうのである。

なぜ、かくも激しく食害するのか。岩手県林業試験場の佐藤さんの実験は興味深い。佐藤さんは、カラマツとアカマツとストローブマツの葉を用いて、マツノミドリハバチの飼育を試み、各ステージでの死亡率をしらべている。それによると、アカマツとストローブマツではよく産卵するが、カラマツでは産卵数が少ない。カラマツに対しては産卵する気分にならないらしい。この時点で、カラマツはハバチの宿主としての資格を失っている。

次に、卵から孵化した若い幼虫は、うまく針葉に食いつくだろうか。期待に反し、アカマツでは高率の死亡が発生した。ところがストローブマツでは若齢幼虫の死亡がきわめて少ない。そして死亡率の低さは、終齢幼虫までつづくのである（図34）。

マツノミドリハバチは、日本ではアカマツを餌として、つまりアカマツに宿を借りて生活している。それは、このハバチがアカマツに適応して進化してきたことを物語る。適応とは、その宿主となる樹種と、うまくいっしょに繁栄していく術を身につけることである。では、ストローブマツはマツノミドリハバチにとって、快適な宿主となるだろうか。産卵を誘発させる気持ちよい匂いはある。葉もおいしいいし、栄養もたっぷりある。幼虫は健康に発育して、死亡率も低い。ハバチにとって、こんないい樹種はない。そこで、マツノミドリハバチはストローブマツの林へ転居した。その結果はどうなったか。

幼虫の死亡率が低いものだから、個体数はどんどん増加し、餌をどんどん食べ、とうとう松林を丸裸にして、枯らしてしまった。そしてストローブマツの林のハバチ個体群は、食べるものを失って自滅してしまったのである。

一次消費者が生産者に寄生して生きるとき、適応の度がすぎて、生産者を破壊してしまっては、元も子もなくなる。マツノミドリハバチの若齢幼虫が、アカマツの針葉を食べはじめたとき、高い死亡率が発生したのは、アカマツの抵抗の現われである。それは、アカマツがハバチにとって、必ずしも最適の餌でないことを示している。しかし、これによって、虚弱体質の個体は淘汰され、ハバチの個体群の質と数が適切に維持されているという効果も見逃すことはできない。これも、生態系のコントロール法の一つなのである。最良の食べものが、種族の繁栄にとって、必ずしも最適のものにはならないのである。

〔文献〕33

3　ブナの実の害虫大発生

乳頭温泉のブナの森へ

平成二年のできごとである。七月になってまもない日、「船形山のブナを守る会」のKさんから電話があった。先日、焼石に登ったら、ブナの実が一面に落ちていて、みんな虫に食われている、なんだろう、という問い合わせだった。

一般に木の実は、毎年続けて結実することはない。結実の多い年は、その後二、三年休んで、次の結実がやってくる。結実というのは、それだけエネルギーを消耗するたいへんな仕事なのである。

木の実やタネには、栄養がいっぱい詰まっているから、それを食べにくる昆虫も少なくない。たとえば、カラマツ球果のタネには、小さなタネバチが寄生する。カラマツの結実豊作も、やはり二、三年に一度しかないが、このタネバチはうまくそれに適応した生活をしている。幼虫は、翌年、みんないっせいに羽化するのではなく、翌年に羽化する組、翌々年に羽化する組、さらにその次の年に羽化する組にわかれて、次々に羽化してくる。こうすれば、どれかの組がカラマツの結実豊作年に遭遇し、種族を維持しつづけることができるというわけだ。

ブナの場合、一般的には実の豊作は五―六年に一度、といわれているが、表2（43ページ）に示されているように、その間に少量の結実（並作）がみられる。並作も加えると、結実は、少なくとも三年に一度はみられる。それにしても、二年間はまったく実がならないのがふつうである。こんなブナの実に、うまく寄生できる虫がいるのかどうか、そんな疑問を私は前々から持っていた。そのブナの実が虫害をうけた。

電話をうけた私は、早速、ブナの実の害虫をしらべるため、秋田の乳頭温泉へ出かけた。宿のまわりには、きれいなブナの二次林が広がっている。害虫調査に疲れたら温泉にのんびりつかろう、という遊び半分の山行きである。

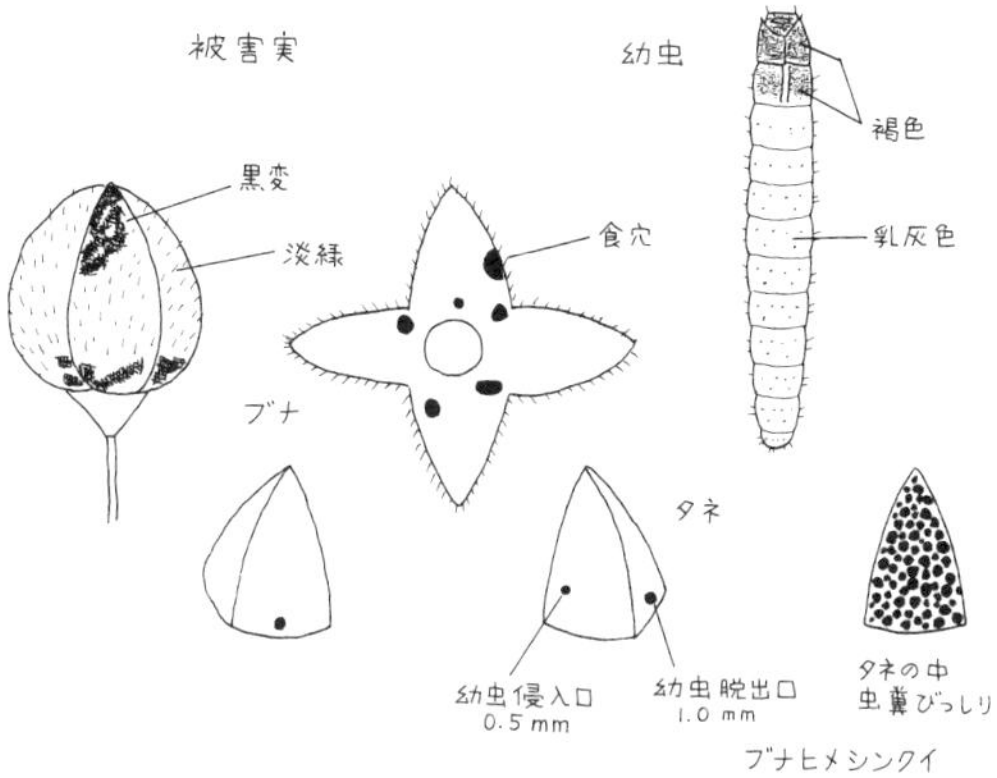

図35 ブナヒメシンクイと，その食害

梅雨の季節だったが、うまく晴れ間がつづいた。ここでも、ブナの実が一面に落ちていた。剪定ばさみで切ってみると、外皮とタネに虫がもぐりこんだ穴があり、虫糞が詰まっていた。ほとんどの実は、虫がすでに脱出したらしく、不在だったが、いくつもしらべているうちに、ついに犯人をみつけた。七ミリくらいの小蛾の幼虫がいた。ルーペでみる。ヒメハマキガの仲間らしい。宿に帰って、ゆっくりスケッチした（図35）。あとは被害実をもって帰って、飼育で成虫を羽化させよう。

ブナの森で昆虫採集

およその見当がついたので、気分は楽になった。のんびり昆虫採集をする。捕虫網を広げ、森のなかの小道を歩く。ミドリシジミが葉に止まっている。網を振る。裏羽の白帯が太い(図36)。フジミドリシジミだった。これは、幼虫がブナの葉を食べる、日本特産の蝶だ。初対面だった。遊歩道をしばらく歩いて、今度は赤っぽいシジミチョウを捕る。アカシジミという種だった。

ブナの葉には、結構、いろいろな虫の食痕がみられた。葉巻きタバコのように、葉をくるくる巻いているのはハマキガの仲間だ。しかし幼虫はすべて脱出して、中は空だった。巻き葉の葉面だけをかじって、硬い葉脈は残している。

同じ巻き葉でも、何回も折りたたむように巻きこんだ葉が垂れ下がっている。なかに卵が一個入っている。これは、チョッキリゾウの成虫の仕業だ。強力な脚ととがった口吻をもった甲虫だから、成葉でも細工してしまう。幼虫は熟れて軟らかくなった葉を食べて育つ。

図36 フジミドリシジミ
(雌の裏面, 開張 3 cm)

葉の中にもぐって、葉肉を食べている虫がいる。食痕は細く蛇行し、先端で少し広がっている。ホソガの類らしい幼虫がみられた。軟らかい葉肉だけ食べるので、成葉でも寄生できるのだろう。

七月も中旬、ブナの葉は成熟して硬くなっているためか、葉をまるごと食べる昆虫はほとんどみられなかった。そんななかで、群生して葉面を食害している黄緑色の、小さな幼虫群をみつけた。ブナアオシャチホコの若齢幼虫だ。これも初対面だ。ちょっと葉に触れると、幼虫は糸をひいてバラバラ落ちていく。その仕草が、ポプラの林でしばしば大発生するセグロシャチホコにそっくりだった。こいつはブナにとって手強い相手だぞと思った。

翌日はまた、宿近くのブナの森を歩いた。ノリウツギやシシウドの花に集まるハナカミキリやヒメハナカミキリの類を採集する。

ブナの倒木があった。幹に二ミリほどの小さな穴がたくさんあって、木屑が出ている。ナガキクイムシという甲虫の仲間だ(図37)。成虫がただいま材のなかへ穿孔中らしい。穴の先端から虫の尾端がみえる。この虫は、坑道のなかにアンブロシアというカビを持ちこみ、その菌糸が幼虫の餌となる。一方、カビはブナの材を腐らせていく。倒木の分解者だ。

私は、材中にいる虫を捕ろうとして、剪定ばさみで材を削ってみたが、硬くて刃がたたない。材の中の虫を捕るには、のみ、げんのう、という大工道具が必要だ。

小学生の一群がとおりかかる。「何してるんですか。」先生もいっしょになって、倒木の虫穴をのぞきにくる。

ブナの葉を食べる蛾

ブナの森は、汚れのないさわやかな緑色をしている。葉が熟すとかなり硬質となり、虫が食べにくくなる。虫食いによる汚れが少ないことも、ブナの森が美しくみえる原因の一つではないかと思う。

しかし、軟らかい若葉のころは、いろいろな虫がつく

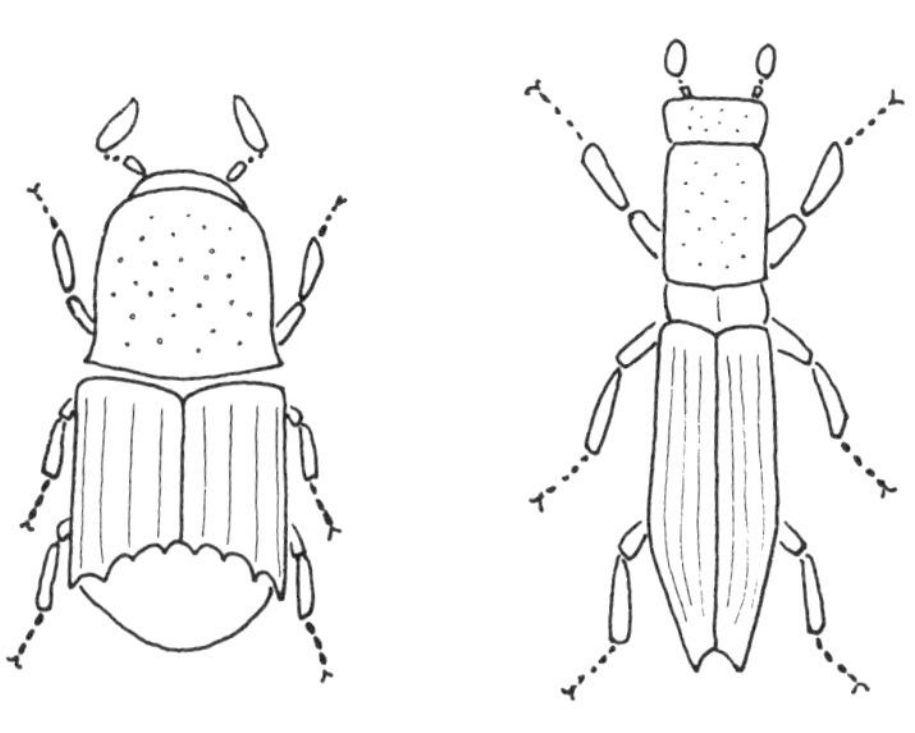

図37　ブナの材に穿孔するキクイムシ
右＝シナノナガキクイ（体長 5 mm），
左＝ミカドキクイ（体長 4 mm）

ようだ。そこで、どんな蛾の幼虫が寄生するのか、二、三の研究報告からまとめてみた（図38）。この図をみて、結構、いろいろな種がブナの葉を食べていることがわかった。しかし私は、次のように考えている。

若葉には種々の蛾がつくが、熟して硬くなった葉には、単食性の蛾、つまりブナに適応した、ブナ固有の種とされているシャチホコガの仲間数種とシタバの仲間二種、ほか若干の種しかつかないと。ブナに固有のフジミドリシジミでさえ、枝先の軟らかい葉でないと、うまく発育できないという。虫がブナの葉に完全に適応するのは、なかなか困難のようだ。

もちろん例外もある。今回の調査で私は、シャチホコガ（Stauropus fagi）の幼虫がブナの成葉をさかんに食べているのを観察した。この虫は多食性である。ただ、ヨーロッパではやはりブナが主食らしく、学名につけられたfagiは、ブナを食することを意味する。

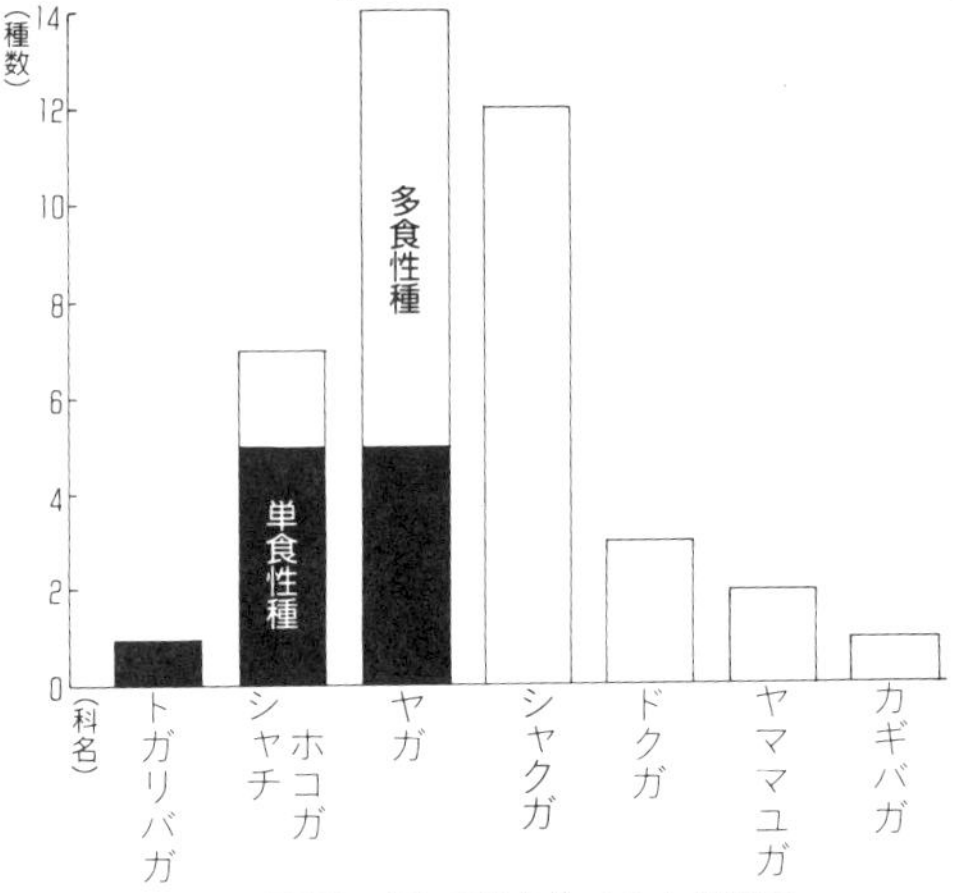

図38 ブナの葉を食べる大蛾類の科別種数と単・多食性区分

ブナヒメシンクイ大発生のなぞ

鳴子・鬼首にスキー場があり、ゴンドラが標高一一〇〇メートルの鍋倉山《なべくらやま》まで運んでくれる。そこはブナの自然林の真っただ中だ。乳頭から帰ってすぐ、私は鍋倉に登った。ゴンドラからブナの木々の樹冠が手にとるように見える。どの木もどの木も、実を枝一面につけている。まさしく大豊作だ。山頂から尾根筋を歩く。クロジが美しい声で鳴いている。そしてここでも、ブナの実が一面に落ちていた。どれもこれも虫食いだ。乳頭のそれと同じ被害だ。その後、Kさんから、焼石岳と栗駒山のブナの実をいただいた。それもまったく同じ被害だった。

このヒメハマキガについては被害の記録はないと思った。しかし、よくしらべているものだ。富樫さんが、「ブナを食害する蛾類」という報告のなかで、ブナヒメシンクイという種名で言及されていた。成虫は、五月中旬、ブナの新梢部を群飛するという(石川県白山)。しかし、被害量は少ないため重視しなくてもよいだろう、と記されている。

平成二年、東北のブナ林で広域的に大発生したヒメハマキガは、おそらくこのブナヒメシンクイだろう。しかしこの蛾が、どうしてかくも広域に、かくも大量に発生できたのか、理解に苦しむ。なぜなら、この蛾がブナに固有の種で、ブナの実だけにしか寄生しないとすると、実のならなかった去年はいったいどこで生きていたのだろうか。一昨年（昭和六十三年）は並作だったが、タネはほとんど「しいな」だった。いまから考えると、このしいなの原因はこの虫のせいだったかもしれない。それにしても、さらにその前年はどこで生きていたのか。ブナの豊作は昭和五十九年までさかのぼらなければならない。ふつうの小蛾の仲間のように、土のなかで一冬越して、翌春すぐ羽化してくるようでは、この蛾は全滅に近い状態となろう。なぜなら、ブナは豊作の翌年には、ほとんど実をつけないからだ。そんな状態で、ある年、いきなり大発生がどうしてできるのだろうか。

（その後、森林総合研究所東北支所の五十嵐・鎌田さんの研究で、この虫はブナヒメシンクイであること、幼虫は地中で蛹《さなぎ》となり、越冬、翌年の四月から六月にかけて羽化すること、などが明らかにさ

れた。〔文献62〕

それから二年後の平成四年、東北ではまたブナが豊作になった。とくに青森県下北、白神、八甲田、十和田では、充実した実が大量に得られた。そしておもしろいことに、ブナヒメシンクイによる被害は少なかった(渡辺陽子さんの観察による)。私も、十一月になって鬼首峠へ調査に出かけた。葉はすでに落ちていたが、枝一面にブナの実の殻がついていた。落ちたタネをしらべてみると、半分は充実していた。虫食いは数パーセントしかなかった。

ところで、五―六年に一度といわれているブナの豊作が、今回は一年おいて、すぐにやってきたのはなぜだろうか。私はブナに聞いてみた。返事は次のような内容だった。

ブナは、野ネズミの食害を回避する作戦として、豊作を五―六年に一度としている。ところが昭和六十三年(並作)はしいなが多く、平成二年は大豊作にしたものの、ブナヒメシンクイという予期しない伏兵に襲われて、ブナはあわてた。このところ、長期にわたって実生苗が育っていない。これでは、次代の更新に支障が生じるおそれがある。そこで急遽、作戦を変更して、平成四年も豊作にした、という次第。

この作戦は、青森県でも、鳴子の鬼首でも、成功したようだ。

(ブナヒメシンクイの被害実は早期に落下してしまうので、結実によるエネルギーの消耗は、ふつうの豊作年にくらべるとかなり少ないのではないか、と思う。)

〔文献〕27、43、62、72

4　ブナアオシャチホコの大発生

ブナ原生林での異常現象

昭和五十六年、裏八幡平一帯のブナの森で、突然ブナアオシャチホコという蛾が大発生し、全山丸坊主にして、私たちを驚かせた。発生した場所は、図40のとおりである。しかし、文献をしらべてみると、この虫はかなり以前から東北や北海道南部のブナ林で、ときどき大発生することが記録されている種であった。

図39 ブナアオシャチホコの幼虫

（撮影：鎌田）

　鎌田君（大学の後輩なのでこう呼ぶことにする）の資料によると、北海道南部から東北・関東にかけてのブナの森で、一九一〇年から一九九〇年までの八〇年間に八回の大発生がおきている。約一〇年に一回という、周期的な大発生である。そしておもしろいことに、大発生は全国的にほぼ同時発生している。しかし、とくによく大発生する地域は、八甲田から八幡平にかけてのブナの原生林の真っただ中、一か所での大発生面積は、ふつう数百—数千ヘクタールにおよぶ。大発生は一、二年で終息する。大発生のピーク時には、ブナの葉を食いつくして、莫大な数の幼虫が餓死し、地表には死骸が散乱するという。この末期的状況は、大発生した食葉昆虫の共通的現象である。

ブナアオシャチホコ大発生のなぞ

ブナアオシャチホコの大発生は、細かく観察してみると、なぞが多い。

第一のなぞ…なぜ遠く離れた地域で同時発生するのか。

森林昆虫が、遠く離れた地域で同時大発生することは、ドイツでもよく知られている。広範囲の地域にわたって、虫の繁殖によい影響を与えるものはなにかといえば、考えられる原因は気象条件であろう。虫の繁殖に好都合な天候、たとえば幼虫の発育期に雨が少なく、高い気温が長く続き、そんな天候が二年繰り返されるというような条件が重なると、昆虫はよく大発生する。

しかし、そのような説明では、広範囲の同時大発生は説明できても、一〇年に一度という周期的大発生は説明できない。なぜなら、虫の繁殖に好都合な気象条件が、周期的にやってくるとはかぎらないからだ。太陽の黒点発生との関係も考えられるが、森林昆虫でも、虫の種類によって、周期が六—七年であったり（モミの害虫ハラアカマイマイ）、四—五年であったり（ポプラの害虫セグロシャチホコ）とさまざまで、これは太陽の黒点では説明できない。

昆虫以外でも、タイリクヤチネズミ（ロシア北部）の大発生は四—五年に一回、カンジキウサギ（北アメリカの針葉樹林）のそれは約一〇年に一回であることが知られている。動物・昆虫の周期的大発生のしくみは、気象条件とは関係のないところで動いていると考えざるをえない。

第二のなぞ…大発生のピークに達すると、翌年は虫数が激減して、大発生は一挙に終息する。その終息の原因はなにか。

ブナアオシャチホコには、さまざまな天敵が知られている。たとえば、樹上の幼虫を捕食するハシブトガラスやシジュウカラなどの野鳥、土中の蛹を捕食するアカネズミ、あるいは樹上・土中の幼虫・蛹を捕食する甲虫のクロカタビロオサムシなど。

しかし、これらの捕食者は、低密度の昆虫を捕食して、大発生を未然にくいとめることはできても、いったん大発生してしまった昆虫を抑えこむ力がないことは、森林昆虫学の一般的な見解である。しかし捕食者が働くチャンスはないこともない。たとえば、餌植物の量はきまっているから、虫が増えすぎて餌が足りなくなり、虫の繁殖率が低下すれば、捕食者のほうが有利になる。ただしこの場合は、害虫密度は漸減する経過をとって終息するのがふつうで、一挙に終息することはない。

ブナアオシャチホコの大発生時、土中にもぐった蛹にサナギタケが寄生し、九〇パーセント以上の蛹を殺生したことが観察されている。そしてこれが、害虫の大発生を一挙に終息させるのに大きな働きをしてい

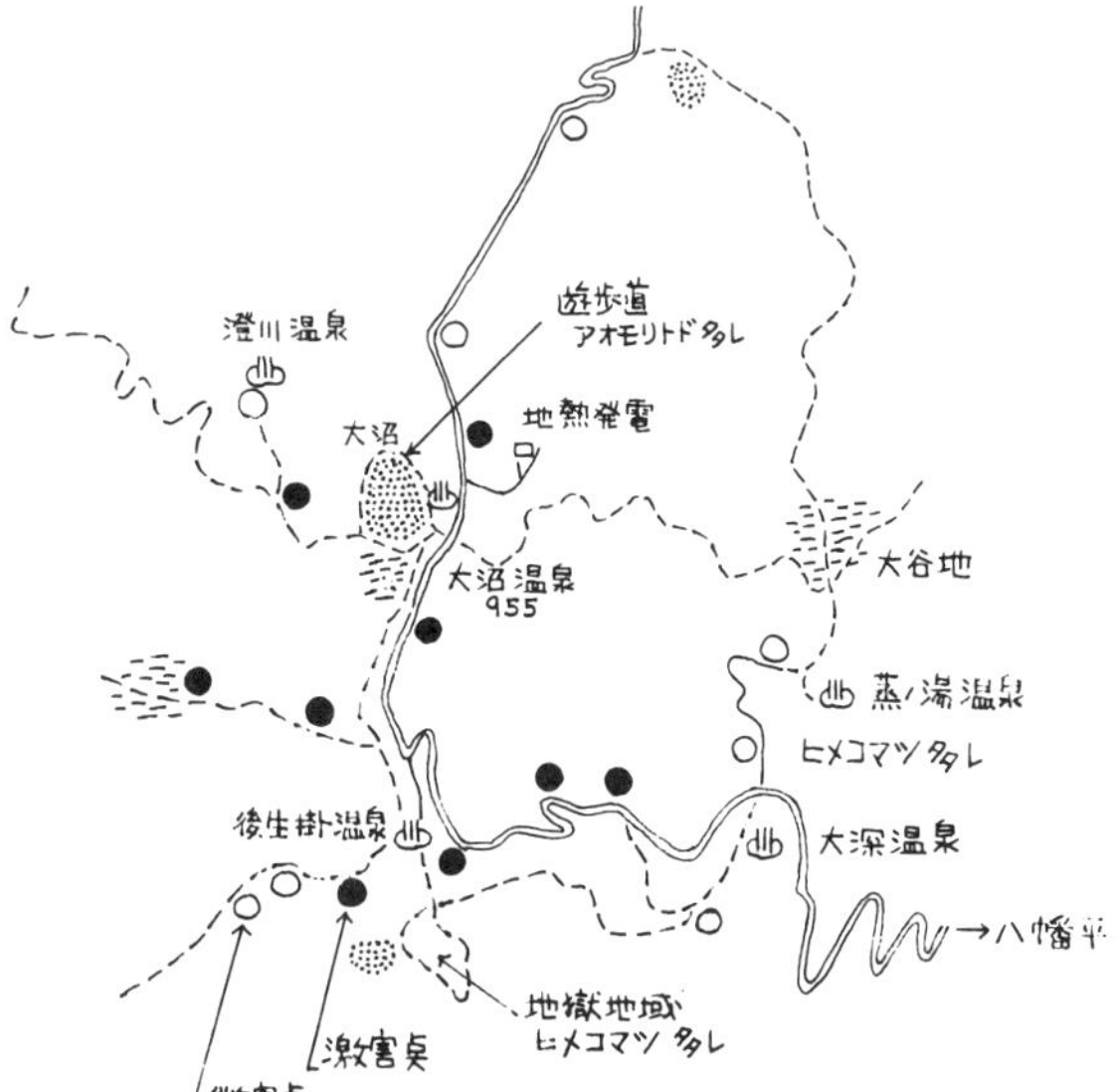

図40 昭和56年の，裏八幡平におけるブナアオシャチホコ大発生の状況　（山家・五十嵐，1983より作図）

る、という見方がある。

サナギタケというのは、生きた昆虫に寄生して、これを殺す子囊菌の仲間で、俗に冬虫夏草と呼ばれているものの一つである。秋、地中の蛹で発病、翌年の夏、地上に二―七センチほどの棍棒状の子実体を伸ばし、胞子を生産・飛散させる。虫への感染の仕方は、胞子が空中飛散し、ブナの樹上で食葉中のブナアオシャチホコの幼虫に感染するのか、それとも幼虫が越冬のために地中にもぐるとき、地上に落下している胞子か菌糸が感染するのか、どちらかであろう。発病は蛹の時代におこる。しかし、感染速度はかなり遅いらしい。こんな、のんびり屋のサナギタケが、害虫の大発生を一挙に抑えこむとは考えにくい。

こんなとき、よく登場するのが、総合的作用論である。これらの捕食者や寄生者が、力をあわせてブナアオシャチホコの大発生を抑えこむ、というものである。しかし問題はそれほど単純ではなさそうだ。

餌（葉）の栄養条件の変化と、それに対応する虫の戦略

鎌田君はおもしろいことに着目した。それは、ブナアオシャチホコ幼虫の個体数変動に対応して、成虫（蛾）の大きさがどのように変化するか、という点である。そして次のようなことがわかった。大発生前年、成虫の虫体は最大になる。虫体が大きいことは、蔵卵数が多いこと、つまり繁殖力が高まっていることを意味する。そしてその翌年、幼虫の個体数（密度）は最大となる。つまり大発生である。大発生年の幼虫は翌年に成虫となるが、その大きさは前年のものより小さくなる。つまり大発生年を境にして、蛾の大きさはだんだん小型化していく。それは、蔵卵数の減少、つまり繁殖力の低

下を意味する。そして幼虫数は減少する。それ以後、幼虫数は低密度状態がつづく。数年後、成虫の大きさは最低となり、その翌年から大型化の方向へ進み出す。そして、幼虫密度も漸増の方向に動き出す。数年後、虫体は最大となり、大発生の準備はととのう。

大発生がほぼ一〇年間隔でおきているということは、この虫体増減の動きが、かなり規則的であることを物語っている。こんな動きを、私なりに模式化したのが図41である。

では、虫体の増減は、なにに原因しておきるのだろうか。もっとも重要な原因は餌の量と質であろう。私なりに解釈すると、次のようになる。

大発生時、ブナの葉を食いつくして、餌不足がおこり、幼虫は発育不全を引きおこし、羽化成虫は小型化する。全葉を食害されたブナは、光合成ができず、したがって栄養生産ができない。だから大発生翌年の葉はいちじるしく貧栄養となり、それを食べる幼虫にも悪く作用し、羽化成虫はさらに小型化する。大発生の翌々年は、ブナの葉の栄養条件は回復をはじめると考えられるが、虫のほうはまだ小型化へ進む。これは虫の体内で、餌条件が悪いから、しばらく繁殖を抑えるよう、指令が出ているのかもしれない。その後も、小型化への進行が二―三年つづく。それから、

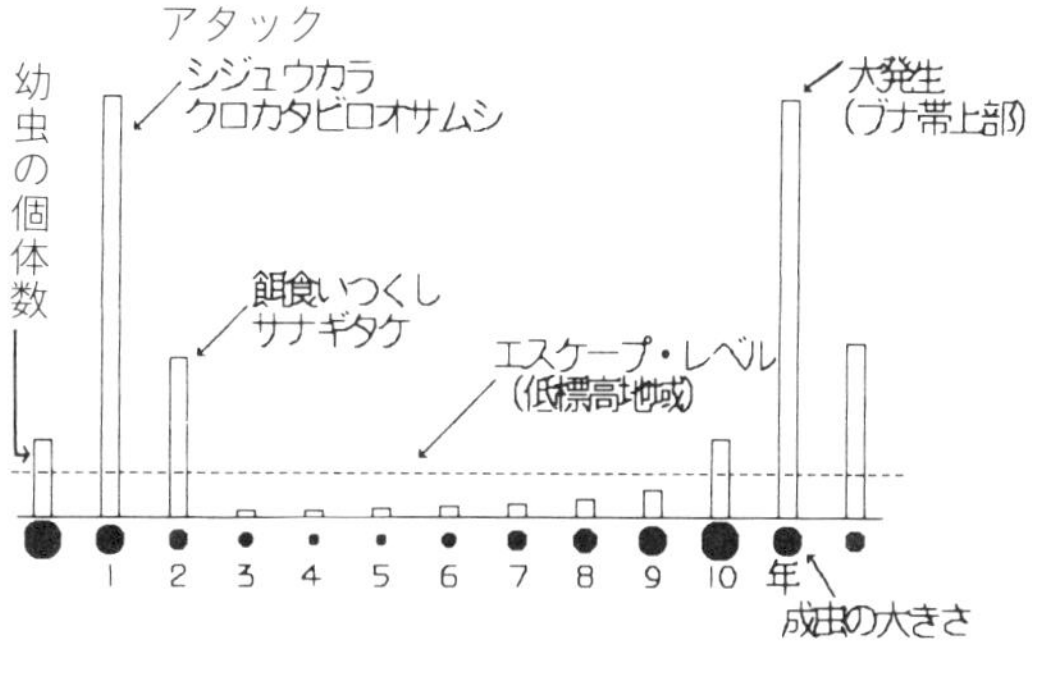

図41　ブナアオシャチホコの漸進大発生モデル

(鎌田より改図)

ようやく虫体が増加へ転じる。そしてそれが四—五年つづくと、虫体は充実し、大発生の準備がととのう。

こう考えると、ブナアオシャチホコ個体数の周期的変動もうなずける。ただし、大発生の末期には、餌不足からくる餓死と、さまざまな天敵の働きも強く作用するので、ブナアオシャチホコの個体数は急激に低下する、ということになるのだろう。

スイス・アルプスで、カラマツの芽を食害するカラマツアミメハマキ（小蛾）も、ほぼ十年周期で、四—五年の漸増と漸減を繰り返していることが知られている。餌（芽）の栄養条件が悪いときは、虫はそれに耐性をもつ方向に反応し、繁殖は抑えられる。餌の条件がよくなると、はじめて繁殖を高める方向に反応する。虫の個体数変動には、虫自身の戦略も働いているらしい。

大発生と標高の関係

ブナアオシャチホコは、ブナ林があればどこでも大発生する、というわけではない。鎌田君によると、大発生は、ブナ帯の中心域、標高九〇〇—一一〇〇メートルあたりで、帯状におこるという。それより標高の低いところでも、ブナ林は存在するが、蛾の大発生はおこらない。（スイスのカラマツアミメハマキの場合も、被害の中心地帯は、一七〇〇—二〇〇〇メートルの高標高域で、八〇〇メートル以下ではまったく被害は発生しないという。）

標高が低いほど気温は高く、したがって虫の増殖は促進されるはずだが、実際は逆になっている。その原因を、私は次のように推理する。

一つには、標高一〇〇〇メートルあたりでは、ブナは純林を形成しているが、標高の低いところではブナ以外の樹種の混交割合が多くなる。その結果、ブナしか食べないブナアオシャチホコにとっては、餌の供給条件が悪くなる。

第二に、ブナ以外の広葉樹にも、さまざまな種類の蛾の幼虫が寄生している。ブナアオシャチホコの幼虫は夏しか出現しないが、いろいろな樹種が混交すると、いろいろな時期にいろいろな蛾の幼虫がいて、それを餌として、いつでも多種類の野鳥や捕食性昆虫が生息できる。それらの天敵群は、ブナアオシャチホコが増えはじめると、それを集中的に捕食するようになる。結果、大発生は事前に阻止される。

〔文献〕4、11、35、62、74、76

5　ブナの森の蝶・チョウセンアカシジミ

チョウセンアカシジミの奇妙な分布

シジミチョウ科のなかのミドリシジミ群、いわゆるゼフィルスは、森の蝶と呼ばれている。雄の翅は金緑色あるいは青緑色に輝き、その美しさは、まさに生きた宝石といえる。これに魅せられて蝶マニアになった人も多い。

そのなかにチョウセンアカシジミという種がいる。ミドリシジミ群のなかでは原始的な蝶で、翅の色は赤っぽく、尾状突起がない(図42)。中国東北部・アムールから朝鮮・日本にかけて分布するが、

図42 チョウセンアカシジミの雌
（小国型，開張3.5 cm）

日本での分布の様子がじつに奇妙である。すなわち、主たる産地は岩手県の陸中地方（太平洋側）と滝沢・雫石《しずくいし》あたり、山形県の小国・川西・新庄などの内陸地方、新潟県北部の関川・朝日村あたりの数か所で、いわゆる隔離分布の状態を示している。

生物の隔離分布は一般に、滅びゆく種の姿を示しているが、私がチョウセンアカシジミに強い興味を覚えたのは、その奇妙な分布だけでなく、その食樹（幼虫の餌植物）がトネリコという木であったからだ。

そもそも、トネリコという木自体が、まことに変な存在なのである。林弥栄著『有用樹木図説』によると、トネリコは、本州中・北部の、川沿いや湖畔など湿ったところに生育するとあり、その分布図には、岩手の陸中地方、岩手南部から宮城・山形にかけての奥羽山脈沿い、および北関東から中部内陸にかけてまとまった分布点が示されている。

しかし、トネリコの分布は、どうも普遍的なものではなさそうだ。宮城県鳴子町の東北大学の山では、私は見たことがないし、また、朝日新聞編『樹の事典』のなかで平井信二先生は、トネリコは関東・中部などの平野に、稲のはさ木として植栽されているが、自生はあきらかでない、と記している。

ミズバショウとトネリコ

トネリコのふるさとは、いったいどこにあるのか。私は前々から、こんな疑問をもっていた。「トネ

図43 ハンノキ・トネリコの湿地林（南蔵王山麓）

リコなら、この近くにありますよ」と、こともなげにいったのは、「蔵王のブナと水を守る会」のNさんだ。案内されたところは、南蔵王の山麓、ミズバショウが群生する湿地林だった(図43)。標高は六〇〇メートルくらいの場所で、ハンノキとトネリコが混生していた。鳴子の山だと、こんな湿地林にはハンノキとヤチダモが生えているが、ここではヤチダモはごくわずかしかなかった。なんだ、ここがトネリコの自生地か。あまりにも身近にあって、拍子抜けした感じだった。トネリコは、どうやらハンノキと同じように、湿地を好む木であるらしい。

（秋になって再訪、サラサドウダンが紅葉の最中だった。ウメモドキが赤い実をいっぱいつけていた。クロウメモドキの黒い実もみられた。これらの樹木たちも湿地の植物であることを知った。）

　仙台の北西、約五〇キロのところに泉ケ《いずみが》岳《たけ》という山がある。仙台市民にとって、山登りがたのしめるもっとも身近な山だ。標高は一一七二メートル。ブナ林で有名な船形山とは尾根続きの前山になる。その山麓にミズバショウの群生する湿地があると聞き、もしやトネリコも、と期待して出かけた。

やはりあった。その湿地にはハンノキも生えていたが、むしろトネリコのほうが多いくらいだった。トネリコの背丈はハンノキより低く、ハンノキを高木とすれば、トネリコは中木という感じだ。トネリコはハンノキと共存する技をもっているらしい。湿地のまわりの乾いた部分はミズナラが多く、このあたりがミズナラの勢力圏であることを示している。標高は五〇〇メートルくらいの場所であるが、ヤチダモはみられなかった。

トネリコは、ハンノキとミズバショウが生えるような、やや寒冷地の、水が停滞する湿地を好むことがはっきりした。しかし、日本海側多雪地帯のミズバショウ湿地林では、トネリコはみられない。そこは、ヤチダモの勢力圏だ。もしかしたら、トネリコはヤチダモを避けているのではないだろうか。

そんなことが、ふと頭にひらめいて、『有用樹木図鑑』の資料を参考にして、シオジ(西日本に多い)と、ヤチダモの分布図を画き、それと、トネリコの分布図を比較してみた(図44)。どうやらトネリコは、ヤチダモの分布線のすぐ外側に分布しているように思えた。

石灰岩の山とトネリコ

ある年の五月、岩手県岩泉の家具工芸家、Kさんの工房を訪ねた。高齢・大径の広葉樹材を使った家具のすばらしさに眼を見張った。ハリギリやトチの材が多く使われていた。そのKさんが、近くにおもしろい山があるから案内しましょう、という。地下が鍾乳洞になっている山（宇霊羅山）だった。驚いたことに、その山の優占樹種は、カシワとトネリコだった。まったく偶然に、トネリコの自生地をみて、私は胸の高鳴りを覚えた。そして気づいた。トネリコはアカエゾマツに似ていると。

アカエゾマツは北海道でみられる。国道二四〇号線は、雌阿寒岳と雄阿寒岳の山裾で、美しい針葉樹林のなかを走る。それがアカエゾマツの森である。アカエゾマツは火山溶岩流の上によく成立するが、また、亜高山帯の湿原のまわりにもよく出現する。いずれも強酸性の土である。また、蛇紋岩の山にもみられる。本州ではただ一か所、早池峰に自生する。そこの土は強塩基性である。これらのことは、なにを意味するのか。

トドマツやエゾマツは生活力があって、アカエゾマツを圧倒する。しかし、強酸性あるいは強塩基性の土には耐えられない。アカエゾマツは、手強い競争相手が入ってこられないような、土壌環境のきびしいところに逃げこんでいるのだ。弱い植物なのだ。

トネリコの隔離分布も、それが原始的性格を残している、弱い植物であることを示しているのではないだろうか。おそらく大昔は、温暖な本州の湿地帯で広く分布していた時代もあったろう。しかし、環境が乾燥化し、進化の進んだ競争相手（この場合はシオジとヤチダモ）が出現して、トネリコは、ヤチダモのいない湿地帯と石灰岩の山に逃げこんだのではないだろうか。

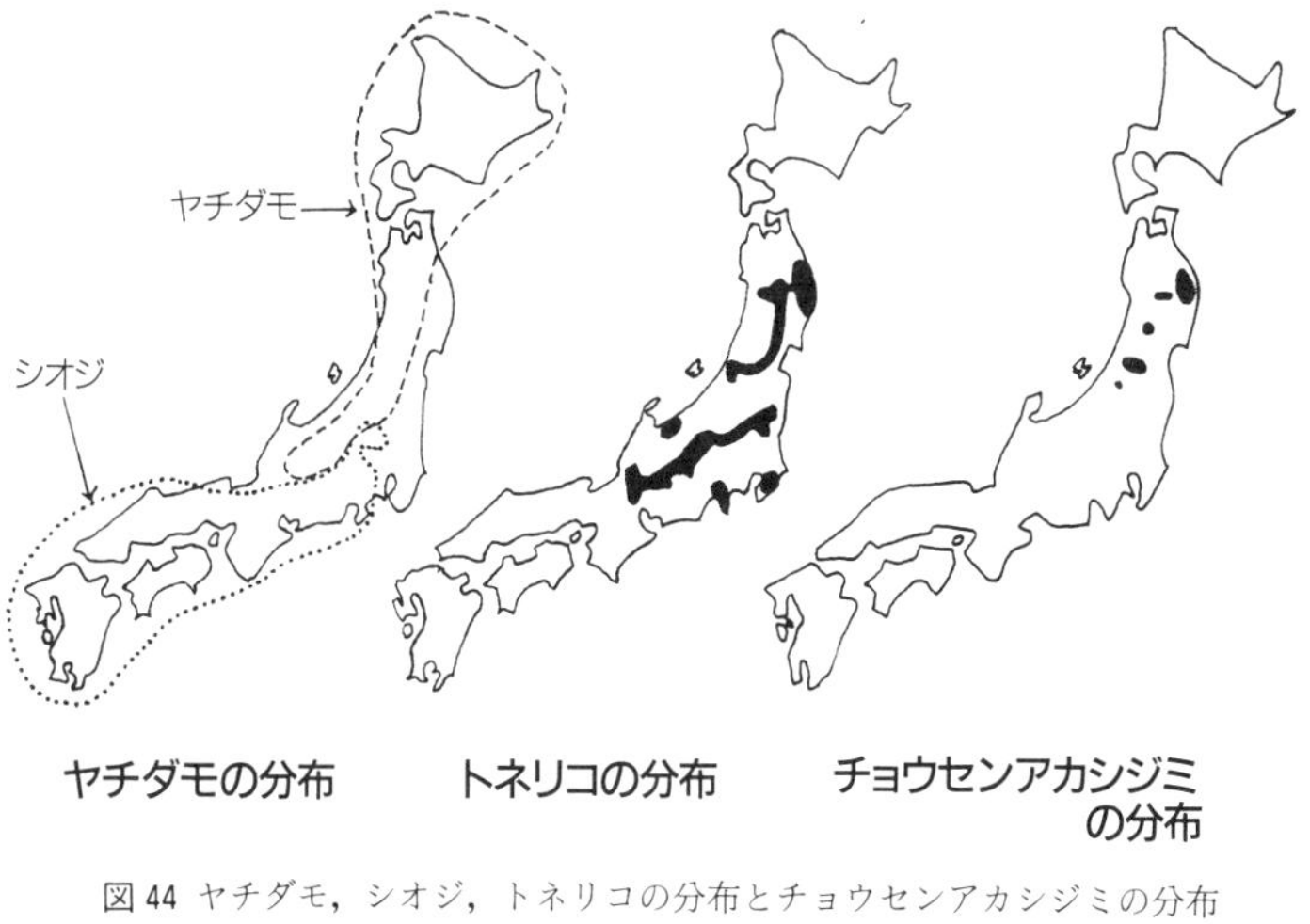

図44 ヤチダモ，シオジ，トネリコの分布とチョウセンアカシジミの分布

チョウセンアカシジミとトネリコ

チョウセンアカシジミの自然本来の生息地は、当然トネリコの自然林であるが、陸中地方や山形県の小国・川西では、田圃や農家のまわりに植えられたトネリコの樹林で、活発な発生がみられるという。トネリコの自然林よりも植栽林のほうが、蝶にとっては生活しやすいらしい。

稲のはさ木に使われている樹種は、ハンノキとトネリコであるが、もしトネリコがハンノキと同様、もともと里山の湿地帯に広く存在していたとすれば、現在でも各所に自然林の片鱗が残っていてもいいはずだが、現実にはトネリコの自然林はきわめて局所的で、隔離分布をしている。

チョウセンアカシジミのほうはどうか。その翅の色彩は地域変異がいちじるしく、その色調で産地がわかるという。これは、地域個体群が長いあいだ隔離状態にあったことを示している。それは、この蝶の原始的性格もさることながら、宿主のトネリコの自然林が隔離分布していたことの結果ではないか、と私はみている。

陸中はチョウセンアカシジミの多産地であるが、もともとのふるさとは、石灰岩の山のトネリコ自然林であろう。

滝沢・雫石の場合はどうか。そのあたりは岩手山山麓の高原台地で、山に降った雨はいくつもの沢水となって流下し、昔は、台地の上で数多くの湿地を形成していたと想像される。そこにはハンノキとトネリコの樹林が生え、チョウセンアカシジミの生活の場となっていたのだろう。しかし、現状はどうか。

暇をみつけて、滝沢村の湿地林を見にいった。やはりトネリコがあった。しかしこのあたり、高原台地の開発が進んで、カラマツの人工林か、緑濃い牧場に変貌していた。自然の湿地林は、もうわずかしか残っていなかった。

山形県や新潟県の場合も、蝶の産地の近くにミズバショウの群生するような湿地があって、トネリコの自然林が隔離的に存在したと思うが、私はまだ確認していない。

一方、宮城県の南蔵王や泉ケ岳の山麓には、トネリコの自然林が存在するが、そこには、チョウセンアカシジミは生息しないらしい。蝶の個体群を維持するためには、トネリコ林の規模が小さすぎるのだろうか。これはなぞだ。

チョウセンアカシジミは、最近個体数が激減したという。原因は湿地林の破壊と蝶マニアの乱獲にあるが、農業形態の変化で、田圃のまわりのトネリコが不用となり、伐採されていくことも大きな原因だという。

チョウセンアカシジミは、もともとそれほど個体数の多い蝶ではなかったと思う。しかし、陸中や小国・川西の場合のように、人間の手によって、田圃の縁や農家のまわりにトネリコが植栽されてから、生活の場を拡大したようだ。そして、珍種から普通種になった。

チョウセンアカシジミの本来の生息地であるハンノキ・トネリコの湿地林を保護しつつ、一方で、トネリコを植栽するなどして、好適な環境をつくってやれば、また以前のように、この蝶は増えてくるだろう。双眼鏡で蝶の観察がたのしめる日の来ることを期待したい。

（チョウセンアカシジミは、産地の県や市町村によって、天然記念物に指定され、採集は禁止されている。）

〔文献〕1、13、50、51

6　ブナの森の蝶・フジミドリシジミへの進化

日本特産

樹木にしても、昆虫にしても、日本特産種とされるものが存在する。さらにそれが日本特産属となると、もうきわめて貴重な生物ということになる。日本特産種になるには、二つの筋道が考えられる。一つは、原始的な生物で、かつては世界中に広く分布していたものが、進化の進んだ近縁種に圧迫され、大陸では滅亡し、島国の日本で生き残ったというもの。イリオモテヤマネコやアマミノクロウサギなど、南西諸島にはこの種の日本特産種が少なくない。すべて珍種で、絶滅の危険が大きい。このタイプをI型とする。

もう一つは、大陸から日本へと分布を広げたある種が、日本という特殊な環境に適応し、形態変化をおこし、大発展したもの。これらは日本特産といっても、日本ではごくふつうに存在する。このタイプをII型とする。

日本特産種ウラキンシジミ

ミドリシジミ類は、中国大陸から日本にかけての温帯広葉樹林帯で大発展した蝶群で、幼虫はブナ科コナラ属(Quercus)を食樹とするものが圧倒的に多い。そのなかで、日本特産種とされているものが三種いる。ウラキンシジミ、エゾミドリシジミ、フジミドリシジミである。いずれもII型と考えてよいだろう。

ミドリシジミ群の分類学的系統進化については、白水・山本の学説がある。そこで、最近の蝶類図鑑などを参考にしながら、日本特産種の進化を、食樹の面から考えてみた(図45)。

ミドリシジミ群が東アジアの常緑・落葉広葉樹林帯で大発展したこと、その主要な食樹がコナラ属であることから考えて、原始ミドリシジミは中国南部の、温暖で夏に雨の多い照葉樹林帯で発生し、コナラ属のカシ類を食樹としていたと思われる。照葉樹林が東アジア独特の植生であることと、ミドリシジミ群が東アジアで大発展したこととは、無関係ではないだろう。

原始ミドリシジミの成虫の形態は、アカシジミかウラナミアカシジミに近いと推測されている。つまり、翅の色は赤かったのである。それはこの蝶が薄暮のカシ林をのんびり飛翔していたことを暗示する。

この原始ミドリシジミから、二つのグループが出現する。一つは、南進して温暖な常緑広葉樹林で発展するムラサキシジミ群、もう一つは寒冷地域に北進して、落葉広葉樹林に適応していくグループで、これがミドリシジミ群である。

カシ類を食樹とする原始ミドリシジミの北進は、落葉性のカシ、つまりナラ類へと食樹を転換することによって、比較的容易に可能となる。現在でもミドリシジミ群の主要食樹はナラ類である。その動きのなかで、最初の大きな分化がおこる。比較的乾燥したナラ林から、谷間の湿地林にむかったグループが出現したのである。

温帯湿地林の環境は、カバノキ科ハンノキ属、ニレ科ニレ属とモクセイ科トネリコ属などを高木とする明るい疎林で、林床にはミヤマイボタ（モクセイ科）やコマユミのような低木が群落を形成している。春から秋にかけては、ニリンソウ、バイケイソウ、オタカラコウ、サラシナショウマなど、さまざまな野草が花を咲かせる。

このグループのなかで、湿地低木林のイボタ類へ食樹転換したのがウラゴマダラシジミ。この蝶は、森の蝶・ミドリシジミ群に属しながら、翅の色は草原の蝶・ヒメシジミ群に似た青白色をしている。湿地林の環境が草原に似ているからだが、草原にすむシジミチョウの翅がなぜ青白色になるのか、興味あるなぞである。

トネリコ属樹木へ食樹転換したのが、チョウセンアカシジミ属とウラキンシジミ属。しかし、両者は途中からさらに細分化していく。チョウセンアカシジミはトネリコを食樹とし、翅の色は橙色で、原始的色彩をとどめている。一方、ウラキンシジミはコバノトネリコを食樹とし、翅は表面は暗色であるが、裏面は金色の光沢が出てきて、進化の進んでいることをうかがわせる。

コバノトネリコ（別名アオダモ）は、トネリコの隔離分布とちがって、南千島、北海道から九州まで、山地の乾燥斜面にごくふつうに分布する。しかし、増渕編『日本中国植物名比較対照辞典』には、Fraxinus lanuginosa の名はない。コバノトネリコは中国には分布せず、日本列島特産と考えてよいだろう。

ウラキンシジミは、コバノトネリコを主たる食樹とすることによって、湿地からふたたび山地乾燥地に適応し、分布も拡大したのではないだろうか、そして、日本特産種へと発展したのではないだろうか。

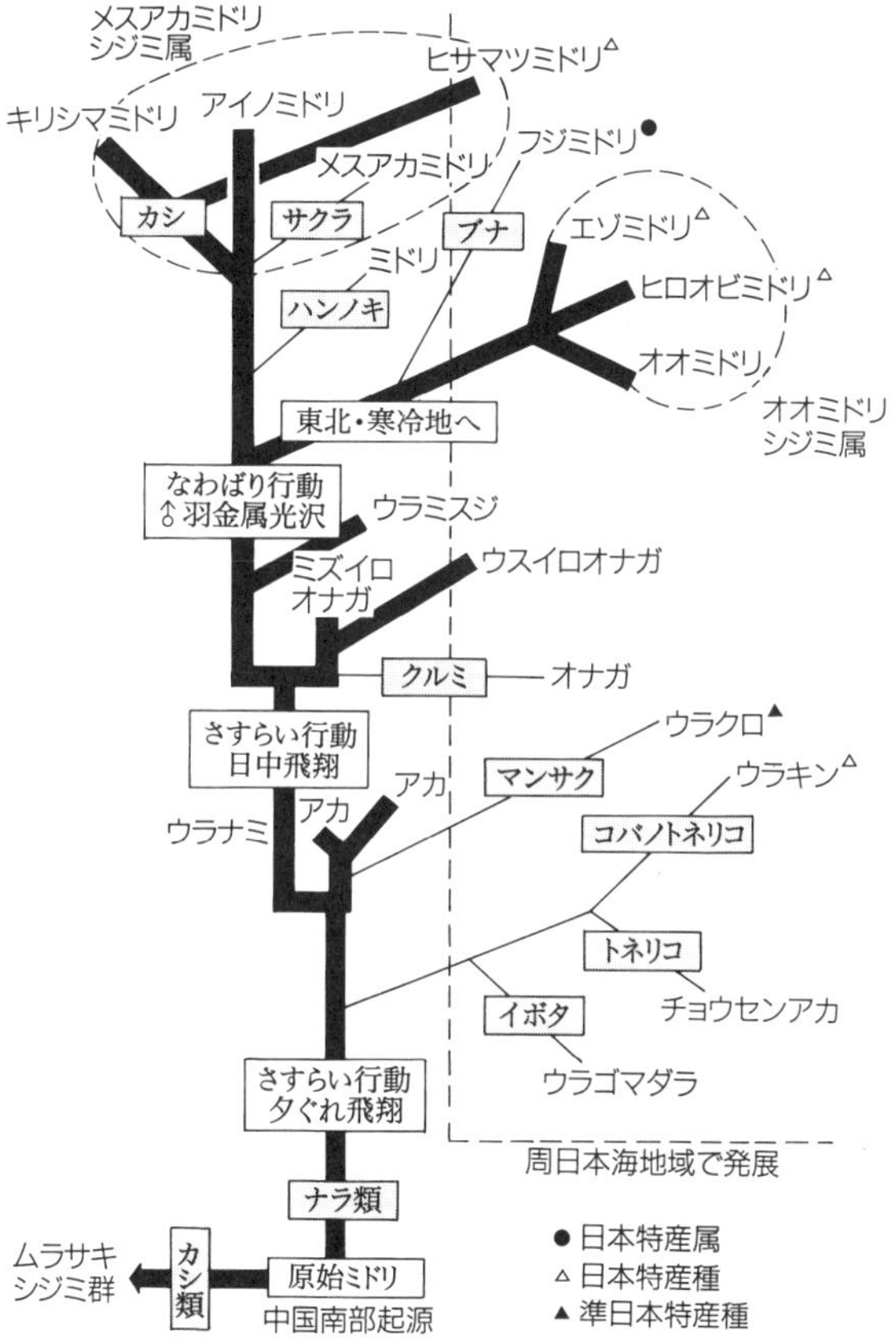

図 45　ミドリシジミ群の進化を考える

日本特産種フジミドリシジミ

コナラ属を食樹とし、夕方、林間をゆるやかに飛翔する、赤羽系のミドリシジミ群、つまり原始ミドリシジミ群は、現在アカシジミ、ウラナミアカシジミという種となって存在しつづけている。最近まで、コナラやクヌギの雑木林で、ごくふつうにみられたというから、原始的といっても、滅びゆく蝶というわけではない。

この原始グループのなかで、マンサクに食樹転換したのがウラクロシジミ、日本以外では台湾だけに産するという、準日本特産種である。

さらに原始アカシジミ群から、雄の翅が緑色の、進化の進んだミドリシジミ群が出現する。翅が緑色ということは、日中、林冠を活発に飛翔することを暗示する。この緑色群は、さらに金緑色のグループと青緑色のグループにわかれる。

金緑色群の主力はメスアカミドリシジミ属で、分布が広く、ヒマラヤ、アッサム、ビルマ、中国南西部、台湾、日本にかけて、約四〇種もいるという。翅の金色は、比較的緯度の低い地域の森で、強い太陽光線をあびながら生活していることを物語る。つまり原始ミドリシジミが生息していた温暖な地域周辺で、進化・発展したようだ。キリシマミドリシジミやヒサマツミドリシジミなどは、カシ類を食樹にしているから、食樹転換をしなかったのかもしれない。また、コナラ属からサクラ類（メスアカミドリシジミ）やハンノキ類（ミドリシジミ）に転換したグループもいて、分化活動が活発であったことをうかがわせる。

さて、青緑色のグループはオオミドリシジミ属に属し、現存種はすべて日本海周辺に分布し、そのなかに日本特産種が二種も含まれている。落葉広葉樹林帯をつたって、高緯度地方の海岸域に出てから、分化・発展したらしい。翅の青色は、生活環境での太陽光線の弱さを暗示している。食樹はコナラ属で変化しないが、ただ一種、山に登ってブナに食樹転換したものが現われた。それがフジミドリシジミで、翅の色はさらに青色が強くなる。形態も変化し、フジミドリシジミ属(日本特産一属一種)として扱う研究者もいる。ブナ属樹種は中国大陸にも自生するが、フジミドリシジミの食樹転換は、ブナの本場、日本でおこったと思う。
〔文献〕13、41、51、57

7 ブナの森の蝶・ササを食草とする蝶

林にすむヒカゲチョウ類

東北の太平洋側、低山里山の雑木林では、下層植生にスズタケかミヤコザサ（ササ属）、あるいはアズマネザサ（メダケ属）の群落がみられ、それらを食草とするヒカゲチョウ、クロヒカゲ、サトキマダラヒカゲ、ヤマキマダラヒカゲが出現する。さらに奥山に入るとブナの森となり、下層植生はチマキザサ（クマイザサ）からチシマザサ（ともにササ属）の群落へと変化していく。そしてヒメキマダラヒカゲが出現する。ヒメキマダラヒカゲは、フジミドリシジミとともに、ブナ林を指標する蝶といわれている。

日本のジャノメチョウ科（ジャノメチョウやヒカゲチョウの仲間）は、全部で二八種産するが、ほとんどの種はススキなどのイネ科とスゲなどのカヤツリグサ科の植物を食草としている。つまり草原の蝶で、中国大陸には共通種がいる。草原の国、中国大陸をふるさとにしている蝶たちなのである。

そのなかで、日本特産が二種（ヒカゲチョウ、サトキマダラヒカゲ）と準日本特産が二種（ヤマキマダラヒカゲ、ヒメキマダラヒカゲ、いずれも日本とサハリン南部）生存している。そしておもしろいことに、この四種はすべて、イネ科ササ類のメダケ属かササ属を食草とし、林縁か、草地のある林に生息している。つまり、林か森の蝶なのである。

ヒカゲチョウとサトキマダラヒカゲは、メダケ、ネザサ、アズマネザサなど、メダケ属を食草とする、暖温帯の里山の蝶である。一方、ヤマキマダラヒカゲはスズタケなどササ属を食草とする、冷温帯里山の蝶であり、ヒメキマダラヒカゲはクマイザサやチシマザサなどササ属を食草とする、冷温帯奥山の蝶なのである。

ササ類は、II章・8で論じたように、日本という風土で発展・進化した植物群で、上記四種の蝶も、日本にきてササ類に食草転換することによって、日本特産か準特産に進化したものと思われる。またこれらの蝶が、いずれも林縁か草地のある林内に生息するということは、ササ類も単なる草原植物ではなく、樹林とかかわって生きている植物であることを物語っている。

ただ一つ、例外的な存在はクロヒカゲである。これは、メダケ属を食草とし、里山の雑木林を中心に、いたるところの林で見られる蝶であるが、日本以外に、サハリン・朝鮮・中国大陸など、かなり広範囲に分布している。中国大陸にも、クロヒカゲの食草となるササに似た植物が存在するのか、それとも、クロヒカゲはバイタリティーのある蝶だから、中国では竹を食草にしているのかもしれない。

増淵編『日本中国植物名比較対照辞典』によると、中国には竹類は種々存在するが、小型の竹、すなわちササに似た竹として、Sasamorpha 属二種が自生するらしい。日本では、スズタケを Sasamorpha 属にいれる学者もある。

林縁の蝶・コチャバネセセリ

ジャノメチョウ科の仲間はのんびり飛ぶのに、セセリチョウ科の仲間は、花から花へせわしく飛翔する。イネ科、カヤツリグサ科の植物を食草とし、草原にすむものが多いという点では、ジャノメチョウ科の仲間と同じなのに、セセリチョウは、なぜあんなにせわしく飛ぶのだろうか。

日本のセセリチョウ科は、全部で三二種いるが、そのうち日本特産は一種（アサヒナキマダラセセリ、石垣島と西表島だけに産する珍種）、準日本特産も一種（コチャバネセセリ、日本、千島、サハリン）生息する。そして、この場合も、どちらもイネ科のメダケ属かササ属を食草にしている。また、コチャバネセセリは林縁を生活の場としている。ヒカゲチョウで論じてきたことと、同じことがここでもいえる。

ただしこの場合も例外が一つある。オオチャバネセセリは、アズマザサ、メダケ、ミヤコザサなどササ類を食草としているが、日本のほか、サハリン、朝鮮、中国大陸にも分布するという。

〔文献〕8、13、22、37

8　ブナの森の蛾・キシタバ類

カトカラを追う

八月のある日、私は白い捕虫網をふりまわしながら、ブナとミズナラとハルニレの混交する森のな

表3　日本産キシタバ類の食樹と分布

NO	蛾の種	食樹	分布
1	キシタバ	フジ	
2	シロシタバ	ウワミズザクラ	
3	ムラサキシタバ	ドロノキ	
4	オオシロシタバ	シナノキ	
5	ヒメシロシタバ	カシワ	日本、朝鮮半島
6	エゾベニシタバ	ドロノキ、ヤマナラシ	
7	コガタノキシタバ	フジ、ハギ	
8	クロシオキシタバ	ウバメガシ	
9	アミメキシタバ	クヌギ	日本特産
10	ミヤマキシタバ	?	
11	ゴマシオキシタバ	ブナ、イヌブナ	日本準特産
12	ヨシノキシタバ	ブナ	日本特産
13	カバフキシタバ	カマツカ	日本特産
14	ジョナスキシタバ	ケヤキ	日本、朝鮮半島
15	マメキシタバ	コナラ属各種	
16	ベニシタバ	ヤナギ類	
17	フシキキシタバ	?	日本、朝鮮半島
18	ケンモンキシタバ	ハルニレ	
19	ウスイロキシタバ	アラカシ	
20	ハイモンキシタバ	?	
21	オオベニシタバ	コナラ属各種	
22	コシロシタバ	クヌギ	
23	ノコメキシタバ	コリンゴ	
24	ワモンキシタバ	マメザクラ、コリンゴ	
25	ナマリキシタバ	?	
26	アサマキシタバ	コナラ属各種	
27	ヤクシマヒメキシタバ	?	
28	エゾシロシタバ	ミズナラ	
29	アズミキシタバ	?	

(注)　分布の記入のないものは，広域分布種，たとえば日本のほかに中国，あるいはアムール，あるいは東南アジアに分布する。

学研：昆虫1、1989より

かを歩いていた。突然、赤い羽をはばたかせて、林間を縫うように飛んでいく蛾に出会った。

　カトカラだ。赤い点を追っていくと、すっと樹間に消えてしまう。羽をたたんでミズナラの幹にとまったその姿は、樹皮の色そっくりだった。これでは鳥も見つけることはできまい。近づいて網をふり上げると、とたんに飛び出し、赤い翅をちらつかせて、逃げていく。

やっと一匹つかまえて調べてみると、オオベニシタバだった。ミズナラを食樹とする蛾だ。そのほか、ジョナスキシタバ、マメキシタバ、エゾシロシタバなども捕れた。八月のブナとミズナラの森は、カトカラ属（Catocala）の宝庫だった。

日本産カトカラ属の食樹と分布

カトカラの仲間は、いずれも後翅に赤、紅、橙、黄、あるいは白の派手な模様がある。色彩のきれいな蛾で、昆虫マニアのなかでもファンが多い。しかし、前翅は樹皮そっくりの色と模様で、翅をたたんで木の幹に静止しているときには、まったくわからなくなってしまう。カトカラは森の忍者だ。日本には、全部で二九種のカトカラ属（キシタバ類）が知られている。これらの幼虫が、森のなかでどんな植物を餌としているのかしらべてみた。結果は、表3のとおりである。食草がすべて樹木であることは、まさしく森の蛾といえる。食樹のなかで、もっとも多かったのはブナ科コナラ属、ついでバラ科、ヤナギ科で、ニレ科、マメ科、シナノキ科とつづく。

そのなかで、ブナ科ブナ属を食樹とするものが二種（ヨシノキシタバ、ゴマシオキシタバ）あり、そのいずれもが日本特産か、準特産になっているのは注目される。蝶のフジミドリシジミと同様、日本のブナに適応・進化することによって、特殊な存在になったのであろう。逆に考えると、日本のブナ自体が、東アジアのなかで特異な存在といえそうだ。

〔文献〕22

9　雑木林のアブラムシ――その生活戦略

エゴノキの葉にできる虫こぶ

雑木林には、コナラとともにエゴノキも多い。私は新葉が伸びはじめるころ、木漏れ日の雑木林をよく散策する。木の葉を見るだけでもたのしい。さまざまな生物の活動が観察できるからである。よく目にするのが、エゴノキの葉にできた変な虫こぶ。その形がネコの足先のようにみえるので、俗にネコアシと呼ばれている。中を割ってみると、白い綿をかぶった、小さな虫がいっぱい動いている。ご婦人たちはいやがるが、子供たちは興味津々の目で見る。アブラムシの仲間で、エゴノネコフシアブラムシという名前がついている（図46）。

エゴノキの葉が成熟する六月になると、もう虫こぶのなかは空っぽ。小さな虫は成長すると翅が生え、虫こぶから脱出し、飛び去ってしまう。これがどこへいくかというと、なんと、チヂミザサの葉に引っ越しするのだ。

チヂミザサに到着した虫は、胎生で、どんどん子虫を産み、子虫はチヂミザサの葉から栄養を吸ってどんどん成長して親虫となり、また胎生で子虫を産み、ということを繰り返しながら数を増やしていく。胎生で子虫を増やしていくのは、アブラムシ類の一般的なやり方である。このとき現われる親虫は、翅のない雌ばかり。

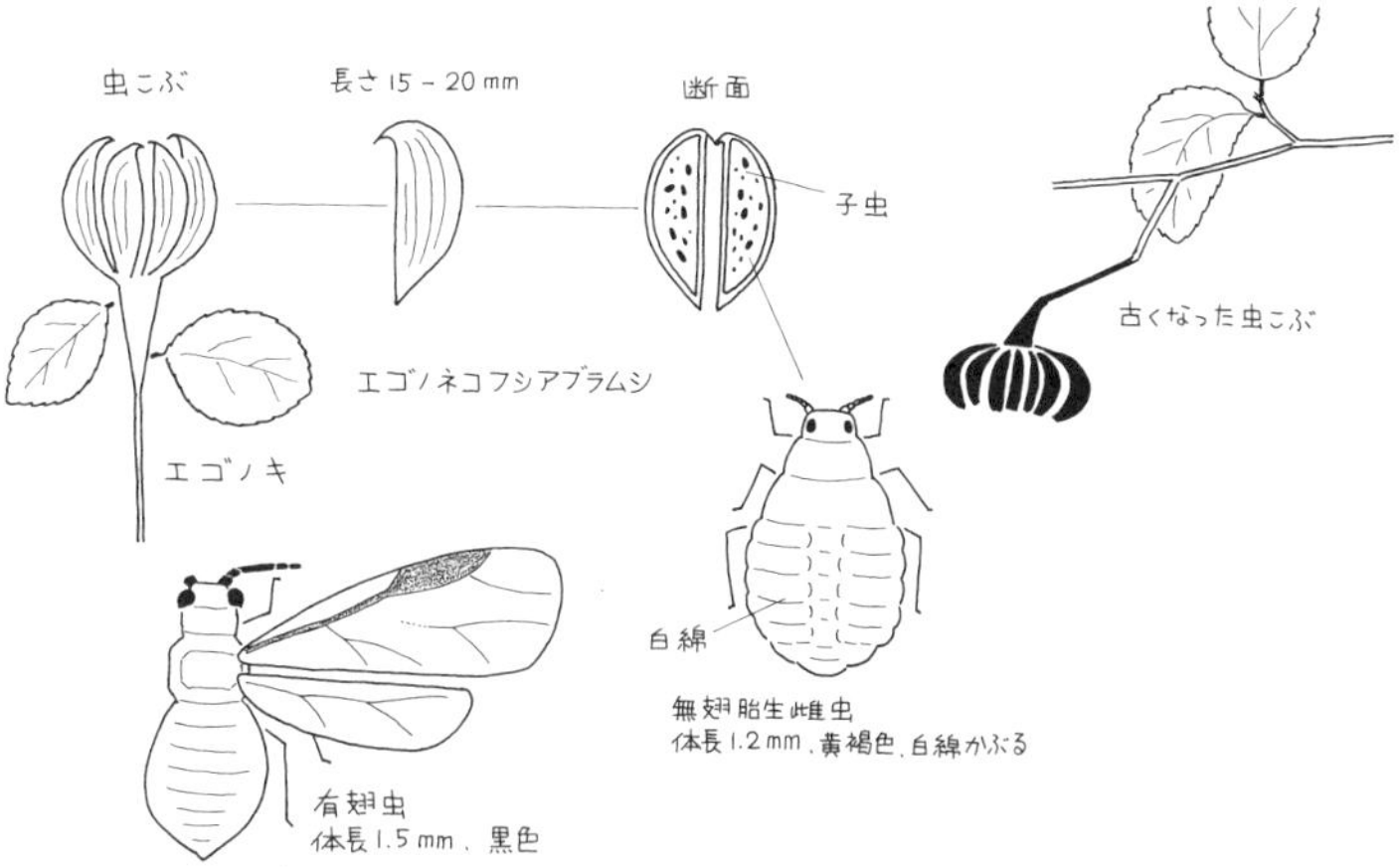

図 46 エゴノネコフシアブラムシと，その虫こぶ

アブラムシの体の構造は軟らかくできていて、どんどん成長するには好都合であるが、冬の寒さには耐えられない。そこで秋になり、冬の到来が予測されるようになると、雄虫と雌虫が現われ、交尾し、はじめて産卵が行なわれる。つまり、寒い冬は卵で乗りきろうという作戦なのである。このとき現われる雄と雌は、どちらも翅をもっている。じつは、このアブラムシはまた、宿をかえるのだ。今度は、エゴノキへ帰って、その枝に卵を産むために。

エゴノキに卵を産んでおけば、来年、エゴノキが芽を開きはじめたとき、卵から孵化した幼虫は容易にその葉に到着することができる。虫がエゴノキの葉に定着すると、まもなく葉は肥大し、虫こぶが形成される。小虫はその中で成熟して、その年の第一の親虫（幹母と呼ぶ）となり、虫こぶのなかで子虫の胎生を開始する。

さて、話をもとにもどす。秋になり、チヂミザサで成長した親虫が、エゴノキに帰って産卵する方法は二つある。

第一の方法、雄と雌がチヂミザサの葉上で交尾してしまえば、エゴノキへの移動は雌だけですむ。

第二の方法、雄も雌も、ともにエゴノキへ移動し、エゴノキへ到着してから交尾し、産卵する。実際にとられている方法は、二番目の方法である。しかしこの方法だと、エゴノキに到着できずに途中で死亡するものが大量に出るだろう。それでいいのだ。途中で死亡するような弱い個体は、交尾に参加できないしくみなのだ。これが、自然生態系のやり方なのだ。

なぜ、虫こぶをつくる？

アブラムシ類の栄養のとり方は、植物の組織（たとえば葉や枝）をかじるのではなく、口は針状になっていて、植物組織に針をさして汁液を吸収する、という方法である。したがって、植物に定着するという生活スタイルになり、行動はにぶくなる。ここでいっちばんこわいのは、テントウムシ類やヒラタアブ類（アブラムシを食べる）やアブラコバチ類（アブラムシに産卵、寄生する）などの天敵に襲われやすくなることである。

そこでアブラムシたちは、天敵防衛の作戦を練る。多くのアブラムシは、甘い蜜を分泌してアリを引き寄せる作戦をたてた。アリは、蜜源のアブラムシを守るため、天敵たちを追いはらうようになった。アブラムシの甘蜜作戦は成功した。

一部のアブラムシは、寄生する葉をこぶ状に肥大させ、その中に隠れて汁を吸う、という作戦をたてた。エゴノネコフシアブラムシもこの作戦組である。植物組織を肥大させるために、虫は成長ホルモンを口針から注入するらしい。しかし、この方法にはマイナス面がある。いくら成長ホルモンを注入しても、葉自身が若くて組織がさかんに分裂・成長するときでないと、うまくいかない。だから、虫こぶがつくれるのは新葉が展開する時期にかぎられることになる。

　さて、虫こぶの中で子虫を育てる作戦も、一か月もすれば、子虫たちに汁を吸われて、こぶの組織はボロボロになる。では、また新しい虫こぶをつくるか。しかし、六月にもなると、葉は成熟して、いくらホルモンを注入しても葉はこぶにはならない。そこで考えたのが、夏でも軟らかい葉をもった植物への移動である。エゴノネコフシアブラムシは引っ越し先を、雑木林の林床に生えているチヂミザサに選んだ。そして、夏はチヂミザサで栄養をとり、子づくりにはげみ、秋になればエゴノキに帰る、という生活をするようになったのである。

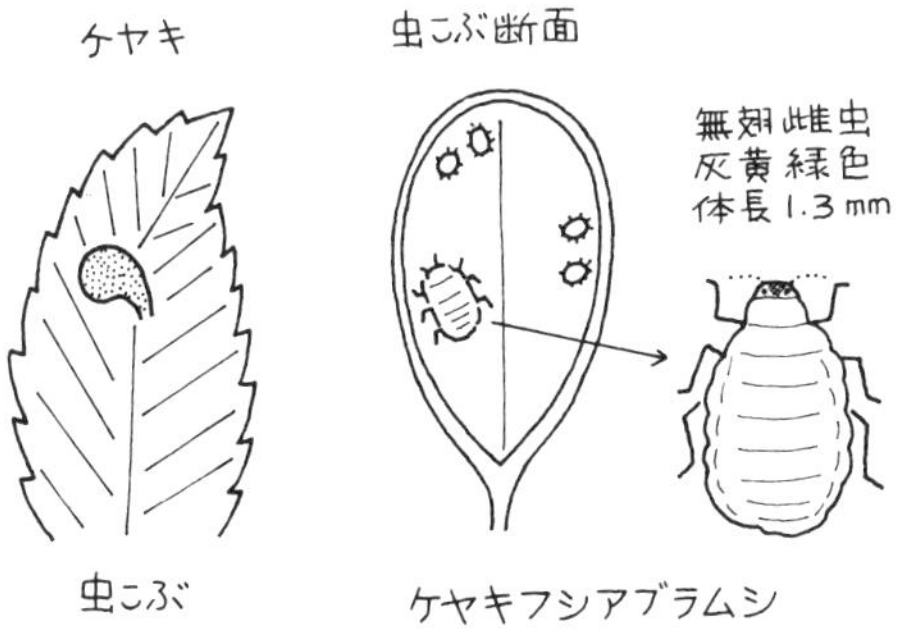

図47　ケヤキフシアブラムシと，その虫こぶ

　木の新葉に虫こぶをつくる作戦をとったアブラムシは、夏は草本植物へ移動するものが多い。たとえば、ケヤキフシアブラムシ(図47)はケヤキからササ類の根へ、ニレナガフシヨスジメンチュウはハルニレからイネ科植物へ、サクラコブアブラムシはヤマザクラからナギナタコウジュへ移動する。なかには、木から木へ宿主を交替するものもいる。ヤノイスフシアブラムシは、春、イスノキの葉で虫こぶをつくり、夏はコナラに移動する。コナラでは虫こぶをつくらず、葉裏に寄生する（虫名のフシは、虫こぶを意味する）。雑木林を歩いていると、マンサクの枝に、大きさ一センチほどの、いがいがのついた虫こぶをよくみかける。割ってみると、図48のような虫がいる。マンサクフシアブラムシである。この虫は、夏はどんな植物へ引っ越すのだろうか。

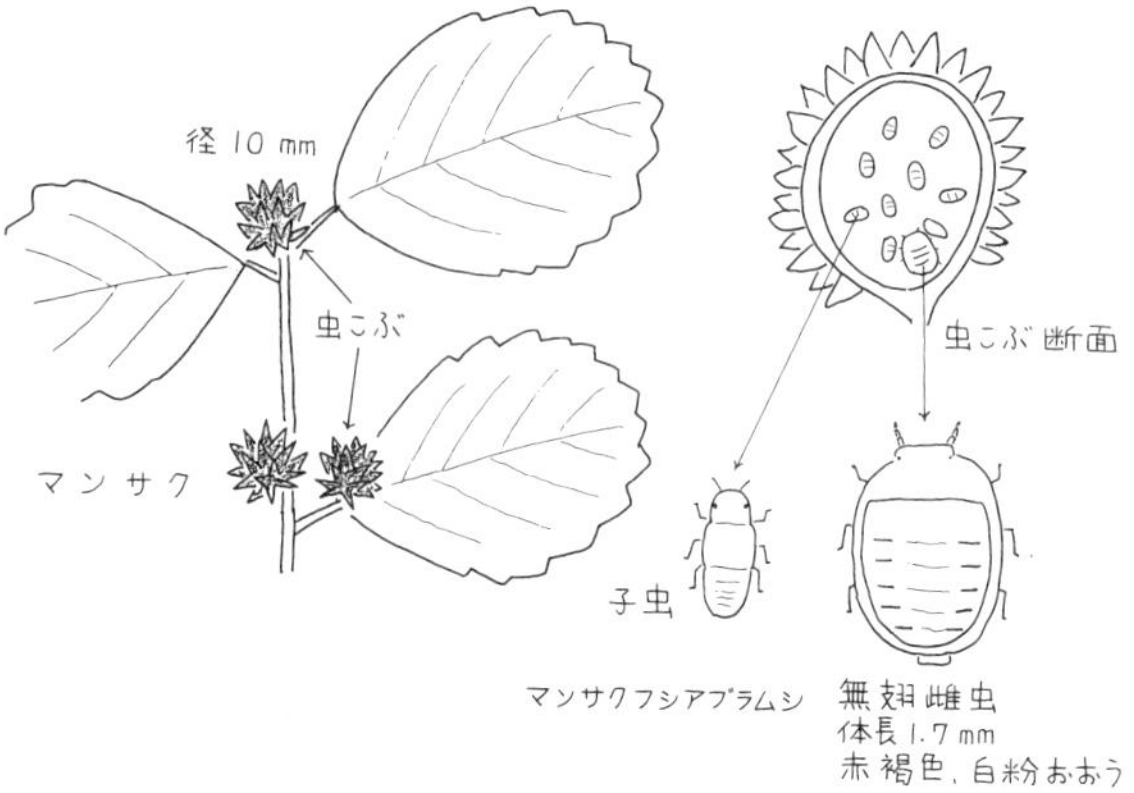

図48 マンサクフシアブラムシと，その虫こぶ

マキシンハアブラムシ

かつて東京で生活していたとき、庭に一本のイヌマキがあった。五月の新葉は結構きれいである。それがまもなく、白い綿屑と黒いしみで、葉は汚れていく。マキシンハアブラムシ（図49）が寄生したのだ。アブラムシやカイガラムシは、糖分のある汁を分泌するため、それにススカビが繁殖して葉は黒く汚れてしまうのである。

しかし新葉が熟して硬くなる六―七月になると、虫数はいちじるしく減ってしまう。口針が弱くて、葉につきさすことができなくなるからだと思う。そして夏、土用芽が吹き出すと、また新葉にアブラムシが増えてくる。この虫は、アブラムシ科のなかでは、古いタイプの虫らしい。夏葉への適応力がいま一つ、できていないようだ。夏のあいだ、この虫はどこで、どのようにして個体を維持しているのだろうか、いつも疑問に思う。

トドワタムシ

アブラムシは、口針で植物の汁液を吸うという作戦をとったため、一般に、針のとおりやすい、若い植物に寄生する虫となった。硬い葉や樹皮は苦手なのである。

トドワタムシは、モミやトドマツの害虫として有名であるが、害を与えるのは新葉が展開するときだけで、葉が熟すると、虫はいなくなる。ではこの虫は、どんな生活の仕方をしているのだろうか。文献でしらべてみた。

1　幹母は四月に出現、胎生で小虫を産む。

2　小虫は成長して、五月はじめ雌親虫となり、胎生で小虫を産む。

3　その小虫は成長して、五月末、翅のある雌親と雄親になり、交尾して卵を産む。卵はそのまま夏と冬を越し、来春孵化して、幹母に成長する。

このように、トドワタムシは葉が熟して硬くなる六月になると、葉から栄養吸収することをあきらめ、早々と卵を産んで、来春まで休眠してしまうのである。アブラムシとしては、世代数がもっとも少ない、三世代型である。これがアブラムシの原型であろうと思う。

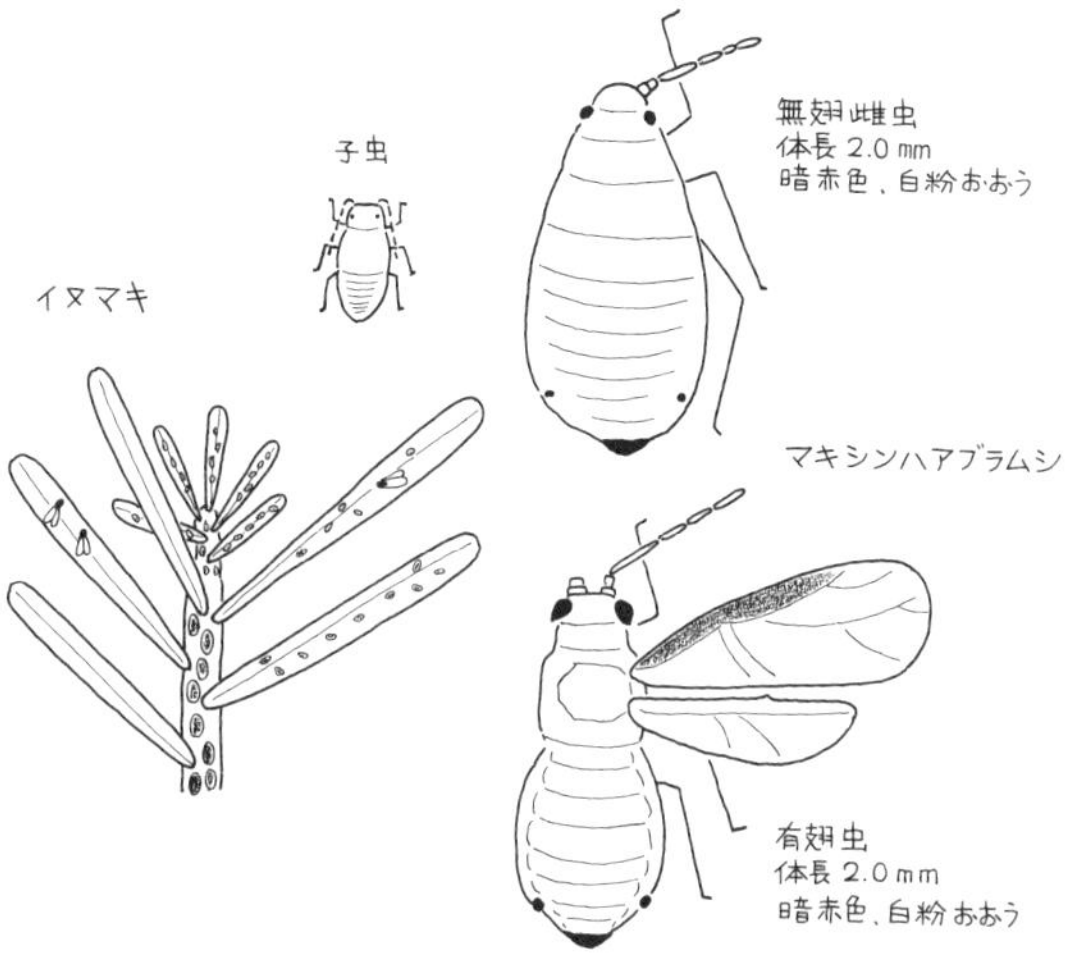

図 49　マキシンハアブラムシと，その虫こぶ

クリオオアブラムシ

しかし、なかにはかなり硬い葉や樹皮に寄生するアブラムシもいる。たとえば、クリの幹に集団で寄

生するクリオオアブラムシ、アカマツの小枝で周年活動しているマツオオアブラムシ、またアカマツの硬い葉に寄生するマツホソアブラムシなどがいる。

これらオオアブラムシの仲間は、進化の進んだグループで、おそらく樹皮でも寄生できるよう、口針を硬く、長くしているのではないかと思う。その結果、硬いクリの幹やアカマツの枝でも、一年中支障なく、何世代も繁殖を繰り返すことができるようになった。進化とは、環境への適応の進歩であることがわかる。

〔文献〕30、64

Ⅳ　森の消費者・野鳥と哺乳動物

1　野鳥 ―一次消費者の見張り番―

スズメの活躍

「昭和四十六年、春の日曜日のことである。庭の芝生の芽出しがあまり悪いので、掘り返してみたら、体をC字型に湾曲した、白い根切り虫がポロポロ出てきた。ヒメコガネの幼虫であった。それで、一日費やして、錐で芝生の上から土に穴をあけていった。出てきた根切り虫は、頭に一撃をあたえ、芝生の上にほうり出しておいた。

昼になって、家のなかで休んでいると、スズメがスイッと庭に降りてきて、ヒメコガネの幼虫をくわえ、隣家の屋根の方向に一直線に飛んでいく。どうやら雛を育てているらしかった。

午後も芝生の穴あけを続けた。幼虫がいくらか溜まったところで、今度はわざと家のなかに姿をかくす。と、どこで見ていたのか、すぐスズメが降りてきた。どうやら、スズメは芝生においしい餌があることを覚えたようである。その後、わが家の庭には一羽のスズメがしょっちゅう来るようになった。なにかを期待して芝生の上を探しまわっている姿はおかしかった。」

右の文は、小著『森林と人間』のなかの一文である。当時は東京東村山でも、まわりに雑木林が多く、ヒメコガネもたくさん生息していたのだ。上記のスズメの行動は、われわれに次のことを教えてくれる。

野鳥は昆虫の幼虫を好んで食べる。代表的な捕食者である。そして、餌のありかを覚えると、何度でも同じ場所にやってきて、その餌を徹底的に探す。いま仮りに、ある種の昆虫が生息密度を増加させてきたとしよう。野鳥はそれに気づき、ほかの虫を探すのを止め、増えてきた虫に対する捕食活動を強めていく。

捕食とは、動物質の餌を捕えてまるごと食べること。一般に捕食者は多食性で、餌種を選ばない。だから、ある虫が増加してくると、それにすぐ対応して、増加の芽を摘むことができるのだ。つまり、捕食機能が強化されるというわけである。生態学では捕食者の「機能の反応」と呼んでいる。

図50　シジュウカラ

シジュウカラの捕食参加

次の文も『森林と人間』からの再録である。「イヌツゲには黒紫色の小さな実がたくさんつく。それが野鳥の好餌となるので、庭に野鳥を呼ぶ樹種のひとつとして推奨されている。ところが、わが家のイヌツゲは全く実をつけなかった。イヌツゲは雌雄異株で、わが家のイヌツゲは雄木だったのである。わたしは、いささか落胆したが、やがて、その木は野鳥にとっては、すばらしい魅力のもち主であることがわかった。その魅力というのは、じつは尺取り虫なのである。

そのイヌツゲには、毎年六—七月になると、マエキオエダシャクというガの幼虫が発生した。二—二・五センチくらいの大きさの尺取り虫である。これがスズメの大好物なのである。ある年、この虫がかなり発生して枝が透けてみえるほど葉を食害したことがあった。このときもスズメが大活躍し、ことなきを得た。

さらに、いままでは秋から冬にしか姿をみせなかったシジュウカラが、イヌツゲの尺取り虫に気づいてからは、春から夏の繁殖期にもしばしば姿をみせるようになった。虫を探し出しては、巣の雛に運んでいるようであった。そんなことがあって、いく日かたったある日、幼鳥をつれたシジュウカラの一群が庭に現われたときには、おおいに驚くとともに、雛が無事に大きくなっていることを心からよろこんだものだった。」

右の観察が示すように、餌となる昆虫が増えはじめたとき、野鳥はもう一つの反応をする。それは「数の反応」と呼ばれているものである。つまり、捕食のためにまわりから野鳥が集まってくるのである。そして興味あるのは、同種だけでなく、異種の野鳥も害虫捕食に参加してくることである。上記のシジュウカラは、おそらくスズメの行動を見ていて、マエキオエダシャクの存在に気づいたのであろう。

害虫がよく大発生するのは、野鳥の生息種数の少ない針葉樹の人工林である。北海道では、若いカラマツの純林に、しばしばマイマイガが大発生する。カラマツ林でも近くに広葉樹林があったりすると、マイマイガの大発生はおこりにくい。この場合は、広葉樹林から移動してくるコムクドリの捕食活動が、害虫抑圧に働いているらしい。

自然林と人工林では、生息野鳥の種数が異なる。秋田県内での調査によると、ブナの原生林と、その伐採跡に自然更新した二次林では、繁殖鳥類の種構成はかなり異なるが、種数はあまり異ならないという。ブナの森では、原生林でも二次林でも繁殖鳥類が多くて、森の安全が保障されていることがうかがえる。これに対して、マツ・カラマツなどの植林地では、繁殖鳥類の種数がぐっと少なくなる。それだけ、害虫発生に対する抑制力が弱いといえる。

ハバチの捕食に活躍するエナガ

昭和五十三年から五十七年にかけて、長野県木曽谷のカラマツ林で、カラマツハラアカハバチが大発生したことがある。この虫は寒冷地のハバチで、北海道のカラマツ林でもよく大発生する、いわくつきの森林害虫である。

北海道にはもともとカラマツは自生しない。だから、カラマツハラアカハバチのふるさとは、中部山岳亜高山帯の天然カラマツが自生するあたりではないかと思う。木曽谷での大発生も、標高の高いカラマツ自然林からはじまったらしい。もしカラマツの林が、自然分布の亜高山域にかぎられていれば、ハバチも大発生することはなかっただろう。

しかし信州では、亜高山帯の近くまでカラマツの人工林が造成されていた。カラマツハラアカハバチの被害区域は次第に降下し、低標高地帯のカラマツ人工林で激害となったのである。ハバチの被害は三年後にピークに達し、その後漸減して、五年後には終息するという、典型的な漸増・漸減の経過をたどった。いわゆる漸進大発生（Gradation）である。

このとき、ハバチ抑圧に野鳥も関与したことがわかった。カラマツハラアカハバチの幼虫は、八月中はカラマツの樹上にいて葉を暴食し、九月には樹を降りて土のなかにもぐる。石田・立花さんの報告によると、樹上に幼虫の多い八月は、幼虫のいない九月にくらべると、エナガやカラ類の食虫活動が二―一〇倍も多く観察されたという。とくにエナガの活動が顕著であった(図51)。ただし、コゲラ、ヤマガラ、メボソムシクイなどの野鳥については、八月と九月の食虫活動は変わらなかったという。野鳥によって、ハバチの幼虫に興味を示すものと、示さないものがいるらしい。

一般的には、ハバチの幼虫に対して野鳥はなにか嫌っているようなところがある。蛾の幼虫ほどおいしくないのかもしれない。マツノクロホシハバチの幼虫などは、鮮やかな黄色をしているが、これは明らかに、自分のまずさを示すシグナルだろう。

また、ハバチの幼虫は外敵に対して集団で威嚇行動をとるが、これも嫌われる理由の一つかもしれない。

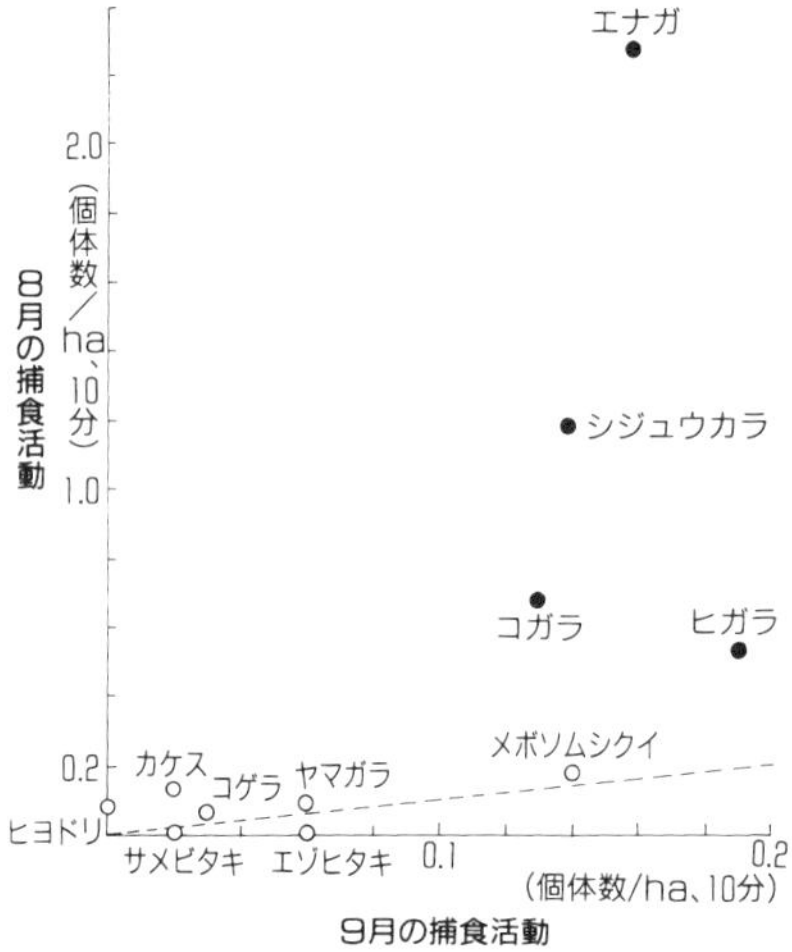

図51 カラマツハラアカハバチ幼虫の捕食に活躍する野鳥。幼虫のいる8月といない9月での野鳥の活動状態を比較した。

(石田・立花，1986より作図)

〔文献〕6、16、45

2　ブナの実の豊作と野ネズミの大発生

草原ネズミと森ネズミ

野山に生息するネズミは、一般的には一括して「野ネズミ」と呼ばれている。しかし、ハタネズミのグループ（ハタネズミ亜科）とアカネズミのグループ（ネズミ亜科）とでは、性格的にも生態的にも、ひじょうに異なる。私は、前者を「草原ネズミ」、後者を「森ネズミ」と呼んで、区別している。

図52 野鳥の巣箱を利用しているヒメネズミ

ハタネズミのグループ、すなわち草原ネズミは、主として樹林間のササ原にすむ。樹林内でもササ群落が広がっておれば、ハタネズミは生息する。夏はササのたけのこや野草を食べ、冬は樹木の根や樹皮をかじる。落葉層にもぐり、体が露出するのを嫌う。毛はふさふさして、耳は小さくて毛のあいだに隠れる。尾は短く、体長の半分以下である。植林苗をかじって森に害を与えるのは、この仲間である。なかでも北海道のエゾヤチネズミは悪名が高い。

アカネズミやヒメネズミの仲間、すなわち森ネズミは、樹林内にすみ、地上をピョンピョンとび歩く。ヒメネズミは森林性が強く、木登りもうまい。尾は長く、体長と同じくらいある。体が露出するため、フクロウや小型のタカ類に狙われる。耳と目が大きいのは、天敵を警戒している証拠だ。この仲間は木の実や昆虫を食べ、樹木をかじらない。だから森に害を与えることはない。むしろ、地中で越冬しているハバチ類をよく捕食するので、森にとっては有益な存在といえる。

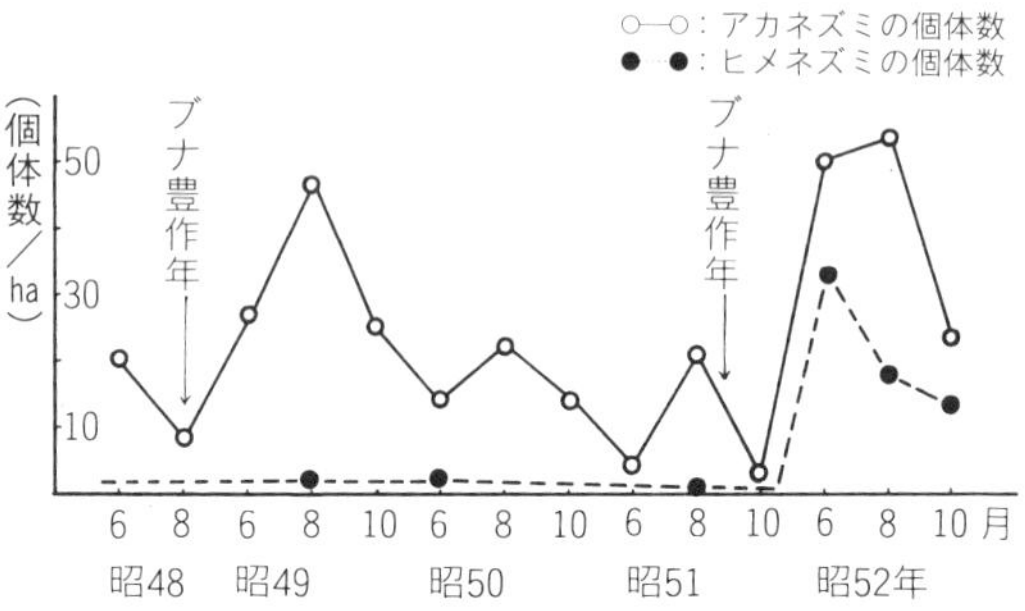

図 53 ブナの豊凶と野ネズミの個体数の変動
八幡平ブナ天然林と二次林での捕獲数の合計
（岩目地，1979 年より）

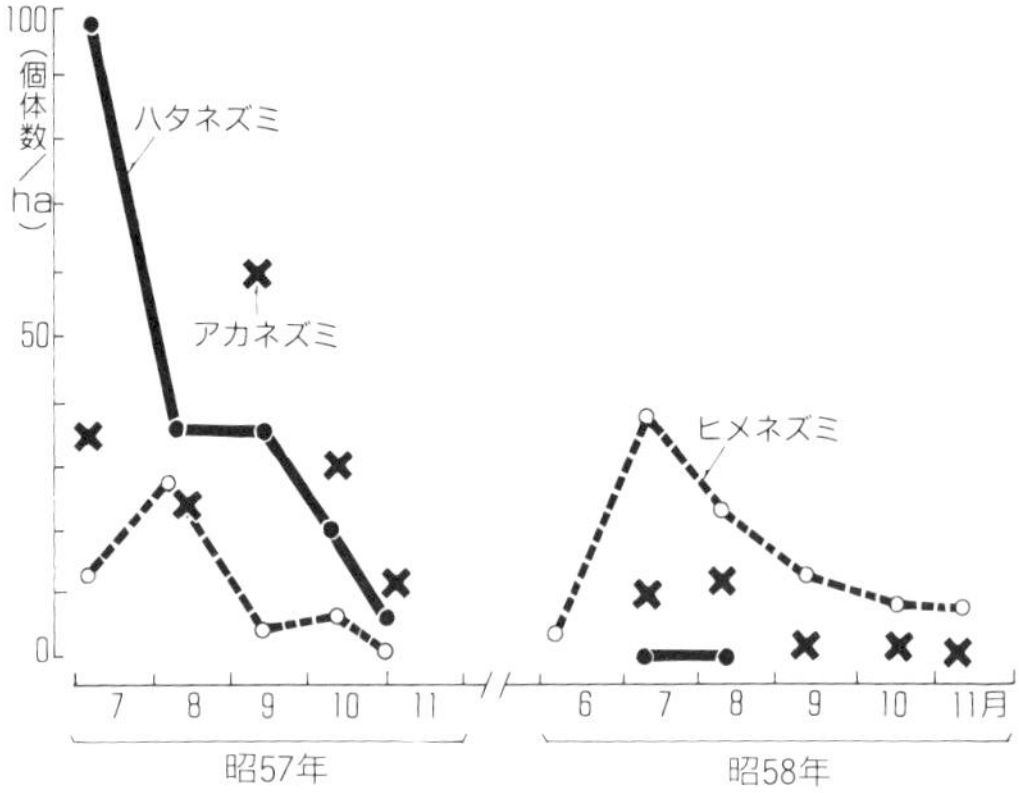

図 54 昭和 56 年のブナ豊作後の野ネズミの個体密度の変動
（箕口，1988 より）

ブナの実の豊作と野ネズミの反応

ブナの実は五―六年に一度の間隔で豊作になるが、豊作の翌年には野ネズミが大発生するといわれている。昭和五十一年は、全国的にブナの実が豊作となった年だが、その翌年、野ネズミの数はどう増えたか。

岩手県八幡平のブナの天然林と二次林で調査したデータによると、アカネズミは平年の数倍に増えているし、ふだんは数の少ないヒメネズミも、五十二年は急増している(図53)。ブナのタネは脂肪分と蛋白質が多くて、栄養に富む。だから豊作の翌年、木の実食いのアカネズミやヒメネズミの繁殖率が向上しても、ふしぎではない。

ところが、山形県小国町での調査データは、私を少し混乱させた。昭和五十六年も、全国的にブナが豊作になった年だが、翌年、小国のブナの天然林で大発生したのは、ハタネズミだった。その数は、ヘクタールあたり約一〇〇頭というから、かなりの大発生である。当然、アカネズミも増えているが、ハタネズミはその倍も増えている(図54)。そしておもしろいことに、七月にピークに達したハタネズミはその後、月をおって急激に減っていくが、アカネズミのほうはそれほど急激には減らない。

ブナが豊作になって個体数が激増するのは、木の実食いの森ネズミだけかと思っていたら、小国の場合は、意外にも草原ネズミも増えた。そして、ブナの豊作翌年、野ネズミがよく大発生するといわれている野ネズミは、どうやら草原ネズミのほうらしい。

われわれがよく経験する野ネズミの大発生（本州ではハタネズミ、北海道ではエゾヤチネズミ）の仕方は、増えるときはふだんの数十倍―数百倍にもなり、そして減るときは急激に減って、見つけるのも困難になる。小国のハタネズミの個体数変動はそんな形だ。一方、アカネズミのほうは、増えるとはいっても平年の数倍程度だし、減るときも激減しない。ブナの実が豊作にならない年でも、ほかの木の実や昆虫が餌となるので、比較的安定した個体数を維持できるのだろう。

ではなぜ、劇的に大発生するのはいつも草原ネズミであって、森ネズミではないのか。ごく大雑把ないい方をすれば、生態系のなかで大発生するのは、いつも一次消費者、つまり食植者であって、二次消費者、つまり肉食者は大発生しない。根本原因は、餌の量のちがいにある。生態系のなかでは、植物の量が圧倒的に多いのである。

しかし木の実は、植物がつくり出した「繁殖のための生産物」で、葉や樹皮など生産活動に従事している組織にくらべると、その量ははるかに少ない。だから、木の実を餌にしている森ネズミは、食植者とはいいながら、性格的には二次消費者と同じなのである。

〔文献〕59、62

3　野ネズミの進化論

森から草原へ　―木の実食いから草食へ―

草原ネズミの大発生現象をよりよく理解するために、私は、森ネズミと草原ネズミの性格や生態のちがいを、その成り立ちから進化論的に考えてみた。

原始ネズミ（パラミス）は、今から五五〇〇万年前に出現したらしい。すでに一対の大きな「のみ」

状の切歯（門歯）をもっていたから、堅い殻につつまれたクルミや針葉樹の球果のタネをうまく食べられるように適応していたのだろう。鋭い脚の爪は、木登りができることを示している。

そのころは原始ザルも存在していて、樹上で木の芽や実を食べていたと思うが、クルミやマツの球果などは、堅くて手が出せなかった。原始ネズミはその間隙をねらって、堅果類を手にいれたというわけだ。

原始ネズミは、二〇〇〇万年くらい前に、リス型とネズミ型に分化する。リス型動物は樹上で木の実を食べる生活法をとり、ネズミ型動物は地上に落ちた木の実を拾って食べる生活法をとった。そして地上に降りたネズミ型動物は、その後、草原の拡大とともに大発展をとげることになる。

第三紀の末期から第四紀にかけて地球は寒冷化し、高緯度地方に草原が拡大する。それにともなって、森の哺乳動物のなかから、草原に出て草食生活をするものが出てきた。ネズミの仲間で草原に出たのは、ハタネズミ類である。

しかし、木の実食いから草食いに食性をかえるといっても、そう簡単にはできない。草原に出て大発展したウシやシカの仲間は、どのようにして草食が可能になったのだろうか。おそらくはじめは、森のなかで灌木類の葉を食べていたのだろう。しかし、樹木の葉にはセルロースやリグニンが多量に含まれていて、それをうまく消化しなければ、餌としての利用は困難になる。

ウシやシカは、硬い葉を粉砕するために、強大な臼状の歯をもち、大きな胃を四つも備え、葉を反芻咀嚼している。しかしそれだけではセルロースは分解できない。動物は、原則としてセルロースやリグニンは分解できないのだ。それを分解できるのは、原生動物やバクテリア、菌類などの微生物だけである。

そこでウシやシカは、胃内に原生動物や細菌をすまわせ、セルロースを分解してもらい、その分解物を餌として吸収するという戦略をとった。このようにして、はじめて木の葉食いが可能になったのである。かれらは、森のなかで木の葉食いの生活をしていたから、草原に出て草食動物に進化していくのはそれほど困難ではなかっただろう。

ハタネズミ類の場合はどうか。木の実・昆虫食いの森ネズミが、森のなかで草食方向に進化したとすれば、最初はなにを食べていたのだろうか。木の葉は口にとどかないし、野草の地上部は、大型草食獣の摂食対象となっている。食べられずに残ってるのは、草木の根っこの部分だけだ。だから野ネズミの草食活動は、土のなかにもぐる生活となった。

草木の根は、葉や茎や樹皮ほどリグニンやセルロースが多くないから、消化のためにバクテリアの助けを借りなくてもすむ。しかし、植物の根だけでは蛋白質が欠乏する。やはり、根食いといっても、地上に落下している草木のタネは窒素栄養源として重要な食物であったにちがいない。

私はいまでもスキーをはいて、雪の草原や森のなかを歩く。動物の足跡が観察できて、とてもたのしい。ある日、こんなことがあった。雪上に小さな穴があいていて、そこからハタネズミの足跡がつづいている。たどっていくと、ヨモギのタネが雪の上に散らばっていた。ハタネズミはそれを食べていたようだ。

ハタネズミ類はイネ科植物を餌とする方向に進化した、といわれている。それは、イネ科植物のタネが窒素栄養に富むだけでなく、小粒であることにも関係がある、と思う。つまり、小粒なるがゆえに、地上に落下したタネは大型草食獣には利用されにくく、野ネズミが独占できる、というわけだ。

さて、地下にもぐったハタネズミ類にとって、そこに広がる植物の根の世界は、どんな意味をもつものだろうか。餌が無尽蔵に広がる世界なのか。ハタネズミは、この莫大な餌を手に入れて、大増殖できただろうか。どうもそうではないようだ。

考えられるのは、次のようなことだ。植物は根を食べられると、枯れる。これは植物にとっては、生死にかかわる重要問題だ。そこで、植物側は抵抗戦略をとる。おそらく多くの植物は、対鼠戦略として根に毒成分を含ませたにちがいない。ただ一年生植物は、秋になるとまもなく枯死するのだから、根を食べられても平気かもしれない。つまり対鼠戦略にあまりエネルギーを使っていないかもしれない。あるいは、食われても食われても根を再生する草であれば、植物の生存も可能となろう。

森のなかは、もともと野草は多量には存在しないから、最初はハタネズミ類も細々と生きていたのだろう。そんなとき、草原が拡大し、草本植物が大量に出現したとすれば、ハタネズミにとっては絶好のチャンスだ。しかも、草の地上部分は大型草食獣の摂食対象となっても、地下部分はだれも手がつけられない。そこには、巨大な餌場が広がっている。かくしてハタネズミは、草原に進出することによって、大発展をとげるのである。

草原ネズミは、冷温帯の落葉広葉樹林帯に広がった乾いた草原でハタネズミとなり、亜寒帯の針葉樹林帯に広がった湿性の草原に出てヤチネズミとなった。それらが、大陸で進化をかさねながら、サハリンを経由して北海道に、朝鮮半島を経由して本州に、繰り返し入ってきた。

一方、森ネズミは東南アジアの熱帯林で大発展し、その一部が森をつたって北上し、ヒメネズミやアカネズミとなって日本全域に広がる。北海道のエゾヤチネズミがタイリクヤチネズミの亜種である以外は、日本に産する野ネズミはすべて日本特産種であるという。日本に渡ってきたのが、かなり古い時代であることが推測される。このへんの事情は北原正宣著『ネズミ』に詳しい。

草原ネズミの大発生と崩壊

ブナの実が豊作になると、草食性のハタネズミは異常増殖する。その理由を、私は次のように推理する。

この仲間は、ふだんは澱粉質ばかりの栄養の少ない草木の根っこを食べている。必要な蛋白質を得るには、大量の根っこを摂食しなければならない。そんな習性があるため、ブナの豊作年に遭遇すると、その実も大量に食べてしまう。そして、栄養があまって大繁殖する結果となる。草食性の野ネズミといえども草木の実を食べることは、すでに述べたとおりである。

北海道では、森林を伐開した新植地で、エゾヤチネズミがしばしば大発生する。伐開地では、野草が繁茂し、餌条件（量と質）が好転することが、その理由の一つと考えられている。

では、もう一つの疑問、草原ネズミの大発生はなぜ、急速に崩壊するのか。

ブナは、豊作の翌年には実をほとんどつけない。異常増殖し、過密状態になったハタネズミは、またもとどおり草木の根っこに頼らなければならない。そして食べられる草はたちまち食べつくされてしまう。森には、餌となる植物が無尽蔵にあるようにみえるが、残っている草木は抵抗成分を含んだ、栄養的には不適なものばかりにちがいない。野ネズミは過密からくるストレスもあって、なんでも食べてしまい、結局、大量死にいたる。

草食性の野ネズミといっても、本来は野草の柔らかい芽や根っこや種子を食べていて、シカやウシのように、硬い葉や樹皮や木質部に含まれているセルロースを消化する力はない。それに植物の芽や根といっても、多年草や樹木のそれは、さまざまな抵抗成分が含まれていて、食べるのに適さないものが多い。一般に、草木の葉や根が、苦い・渋い・辛いなど、さまざまないやな味がするのは、草食動物に対する植物の抵抗戦略と思われる。人間だって、山菜として利用できる植物は、ごくかぎられたものだけである。

草原ネズミ大発生の急速な終息は、結局は、餌条件の悪化による栄養失調死、と私はみている。

〔文献〕24、74

4 ノウサギの天敵

雪上に残された動物のサイン

夜中に静かに雪が降って、朝、青空が一面に広がっている。まぶしいような太陽の光と、引きこまれそうな深く澄んだ青い色。ミズキやオニグルミの枝は雪をかぶって、黒と白のシルエットを描いている。

こんな日は雪上の動物調査に絶好だ。山歩き用のスキーをはいて、農場を歩く。カラ類の群れに出会う。コゲラがオニグルミの枯れ枝をコツコツたたいている。そのたびに雪が白い粉となってパッと散る。シジュウカラ、ヤマガラ、コガラに混じって、夏は亜高山針葉樹林帯にすむヒガラやキクイタダキもみられた。

雑木林の林縁のタラノキ、ニワトコ、ヤマハギなどの若い枝がかじられて、白い材部をむき出しにしている。大きな歯型がついている。ノウサギの食害だ。鋭利な小刀で切りとったような跡もノウサギの仕業だ。人間はタラノキの芽を好むが、ノウサギもタラノキが大好物のようだ。いたるところでタラノキがかじられている（図55）。

雪上につけられた動物の足跡で、いちばんよく眼につくのがノウサギ。それを追跡するキツネの足跡も少なくない。雑木林やマツ林のなかに入ると、リスやテンの足跡もみられる。ブッシュのかげから、急にバタバタと飛び出す鳥がいた。キジだった。その足跡をたどってみた。雪上に出ている灌木のブッシュにとどまって芽を食べ、それからまた次の灌木のブッシュを求めて歩いている。キジの足跡は、雪でおおわれた広い草地の上に延々とつづいている。雪のため食べ物がとれなくて、疲れ果て、飛ぶ気力もないのだろうか。冬はキジにとって危険な季節だ。

植林苗をかじるノウサギ

ウサギはおとなしくて、やさしい動物の代表のように思われているが、林業家にとっては恐ろしい敵だ。かつて北海道にいたとき、フローリング材として価値の高いウダイカンバを植林したところ、ユキウサギに徹底的に食害されて、植林が失敗した経験がある。

本州では、スギ、マツ、ヒノキの植林苗がよくかじられる。山形県では果樹園に被害が出て、農家を困らせている。樹木に対する食害は、野草が枯れてしまう冬に発生するが、それも雪のしまる二－三月になると、急に被害が多くなる。理由はよくわからないが、春が近くなって、樹木たちの樹液流動がはじまり、樹皮に糖分が増えてくるためではないかと思う。林業家は苗に忌避剤を塗って防除しているが、これは面倒な仕事だ。

東北の山村では昔から、年に一回、正月前に巻き狩りという方法でウサギをとる習慣があった。おおぜいの子供や若者が勢子となって森からウサギを追い出し、猟師が鉄砲で撃つのである。ノウサギは害獣というより、むしろ貴重な蛋白源だったから、捕りつくすようなことはしなかった。しかし山村に若い人がいなくなり、また食料事情も変化して、最近は巻き狩りをすることもなくなったという。

　山形県林業試験場の大津さんは、ノウサギ被害防止の目的から、里山のコナラを主とする雑木林で年一回の巻き狩りを試みたところ、生息密度は減って、植林苗や果樹園の被害はいちじるしく減少したという。一方、奥山のブナの森には、もともと里山ほどノウサギの生息密度は高くなく、したがってスギ植林地も被害は少ないという（図56）。

　どうして里山の雑木林でノウサギの生息密度が高く、奥山のブナの森では低いのか。理由はよくわ

図 55　ノウサギにかじられたタラノキ

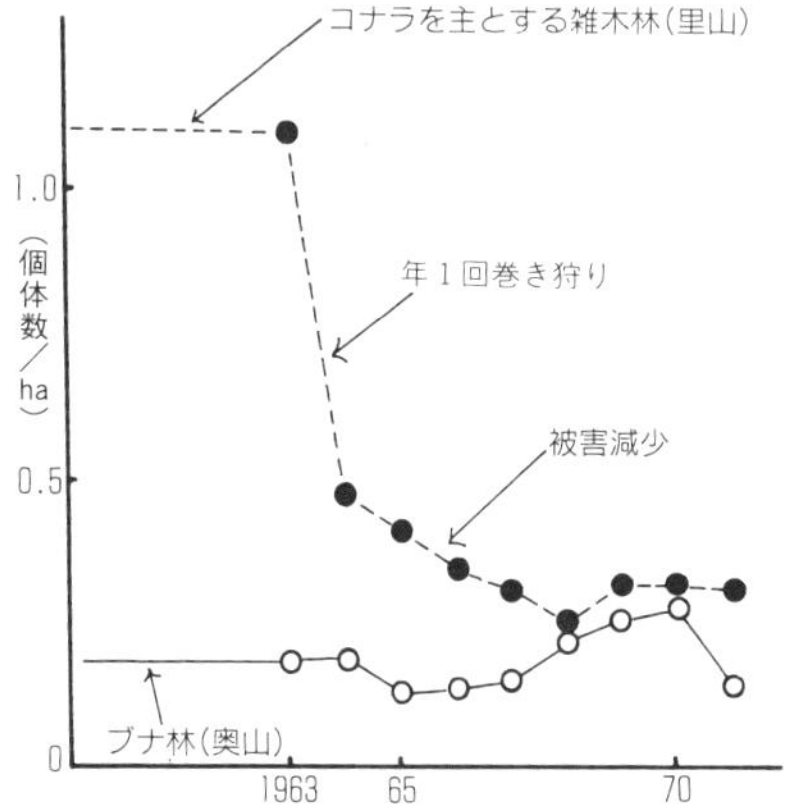

図 56　里山と奥山のノウサギの生息密度

（山形県にて。大津，1974 より作図）

からないが、おそらくブナの森のなかでは、自然の巻き狩りが行なわれているのではないだろうか。ノウサギを狩るのは、キツネと大型のワシ・タカの類だと思う。とくにイヌワシは餌の大部分をノウサギに依存しているらしい。

オジロワシ、春風に乗って舞う

冬から春への移行の途中にときどきみせる、よく晴れた、暖かい日だった。農場のはるか上空、青いカンバスのなかを、黒い点がゆっくりと輪を描いていた。双眼境をむける。幅広い翼の先端は四―五裂に切れ、尾羽はまるく、比較的短い。下から見上げる姿は、全体が黒っぽくみえるが、尾羽の縁が白く、まぶしいほどに輝いている。オジロワシだ。私は緊張し、観察をつづける。と、ゆうゆうと滑翔していたワシが、急に翼をすぼめて降下しはじめた。これはすばらしい観劇だ。うれしくなって、黒い点を見つめる。点のようだったワシの形はぐんぐん大きくなってくる。どこへ降りるのだろうか。キジかノウサギでも見つけたのだろうか。ワシはますます大きくなってくる。狙っている餌は、キジでもノウサギでもなかった。一直線に私の双眼鏡をめがけて降下してくるのであった。黒いアノラックを着た、二つの大きな目玉をもった、変な動物が彼の興味をそそったらしい。どんどん降下してくる。一直線に私にむかってくる。尾羽が雪のように白く輝いている。じつにきれいだ。そんなことを感じているうちに、ワシはものすごく大きくなって、双眼鏡の視野いっぱいになった。

頭を直撃される！　私はぞっとして、双眼鏡から眼を離した。ワシは、私の頭上を越えてスギの防風林のむこうに消えた。胸の動悸がしばらくおさまらなかった。はるかかなたの上空を、同じような黒い点が舞っている。別の一羽らしい。ゆうゆうと帆翔しながら、ときどき急降下を繰り返している。

餌動物らしきものを見つけてか、それとも、ようやく暖かくなった春の風にさそわれて、大空の散歩をたのしんでいるのだろうか。やがて二つの点は、大きな輪を描きながら、東のほうへ消えていった。

野鳥図鑑によると、オジロワシは北海道以北の海岸や湖沼に近い林で繁殖し、冬は本州にも渡来するという。宮城県では、伊豆沼にしばしば姿をみせる。

ノウサギの狩人は大型ワシ・タカ類

オジロワシやオオワシは、海岸地帯に生息するので「海わし」と呼ばれている。では内陸のブナの森にはどんなワシ・タカ類が生息しているのだろうか。

山形県鶴岡市に流れこむ赤川の上・源流域の山々はブナの原生林におおわれているが、太田さんの本によると、そこにはイヌワシ、クマタカ、ハチクマ、オオタカ、ノスリ、サシバ、ハイタカ、チョウゲンボウ、ツミなどのワシ・タカが生息しているという（図57）。そのうちノウサギを狩るのはイヌワシとクマタカだろう。里山でノウサギが増えすぎるのは、野性的性格の強いワシ・タカが人間を嫌って里山にまで降りてこないためではないか。

ブナの森の安全保障に威力を発揮したワシ・タカ群が、最近だんだん姿を消していく。奥山のブナの森が開発されるようになって、イヌワシやクマタカなどのワシ・タカがすみづらくなってきたためだろうか。

イヌワシはブナの森を主体とする地域に多いが、餌となるノウサギやヤマドリが豊富に存在すること、営巣場所となる絶壁の岩棚や針葉樹の巨木が存在することが生息の必要条件であるという。ノウサギやヤマドリなどは、森の動物というより林縁の動物であるから、ブナの森といっても、そのなかに自然の草地が混在するような環境が好ましいのかもしれない。ブナ帯の自然草地というと、谷間の盆地、ハンノキが疎生するような湿性の草原が想いうかぶ。そんな草地にノウサギが多いのではないかと思う。

あるいはブナ帯の上部、亜高山針葉樹林帯と接するあたりは、岩山や谷間の草地が多く、イヌワシの生息に適した環境かもしれない。

図 57 赤川水系に生息するワシ・タカ類　（太田，1988 より作図）

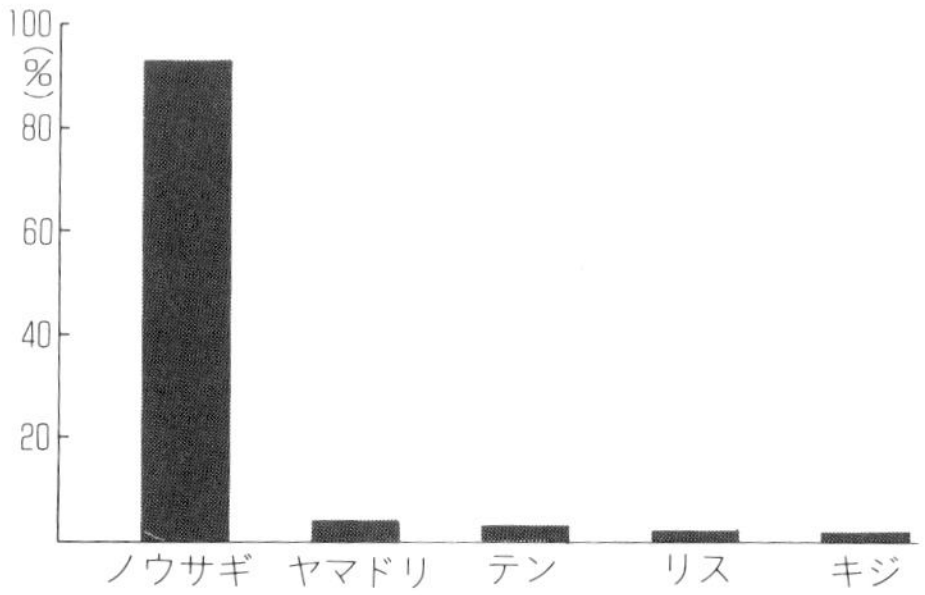

図 58 翁倉山におけるイヌワシの餌の構成（立花，1969 より作図）

最近、ブナの森でもノウサギが減ってきたという。ノウサギは大型のワシ・カタにとっては大切な食料である。だからおそらく自然条件下では、ワシ・タカはノウサギを減少させるような消費のしかたはしないはずだ。ノウサギの全滅はワシ・タカの死を意味する。にもかかわらず、最近ノウサギの数が減ったとすれば、その原因はなにか。もっとも関係のありそうなことは、落葉広葉樹の自然林が減少したことではないだろうか。ブナの森が伐採され、スギの植林地が増加している。植林地が若いあいだは、タラノキやヤマハギなどの灌木や野草が繁茂し、それが餌となって一時的にはノウサギが増加する。しかし、スギが成長し、林冠が閉鎖するようになると、林床には光がとどかなくなり、野草や灌木が減り、それを餌とするノウサギも減ってくるのではないだろうか。

じつはノウサギだけでなく、ヤマドリもいちじるしく減ってきたらしい。ヤマドリはキジとちがって、奥山にすみ、森林性が強い。その肉はきわめて美味なので、ブナ帯山里の人々は、その数に強い関心をもっている。山に詳しい人は、ヤマドリは減ったという。

では、イヌワシを守るためにはどうしたらよいか。宮城県北上町の里山、翁倉山《おきなくらやま》のイヌワシがわれわれによい見本を与えてくれる。翁倉山では、雑木林のなかのアカマツやゴヨウマツの大木の樹上で営巣し、餌の九三パーセントがノウサギであるという(図58)。里山のほうがノウサギが多く、餌条件はめぐまれている。人間の圧迫がなければ、こんな里山でもイヌワシは繁殖する。雑木林を増やし、高齢高木のマツを残し、ワシに人間の圧力を感じさせないこと。これがイヌワシを守る基本だ。

〔文献〕18、19、52

5　シカとカモシカ

カモシカの餌

夏のある日、ブナの森の沢を歩いていた。ところどころでウワバミソウの群落をみる。その茎の上半分が刈り取られたようになっていた。カモシカの食べ跡だった。

カモシカは夏、よく沢筋に姿を現わす。沢には餌となる野草が多いからだ。とくにウワバミソウをよく食べる。東北人はミズと呼んでいる。茎を熱湯でさっと湯がくと、真っ青な色となる。おひたしにすると、くせがなく、なかなか美味である。色がよいので目にもたのしい山菜だ。包丁で軽くたたくとぬめりが出て、山の味が増す。一般に山菜は旬があって、賞味期間は限られているが、ミズだけは春から夏まで、いつでも食べられるので貴重である。

東北人がたいへん好む山菜にアイコという草がある。それがミヤマイラクサであることを知って驚いた。茎に細かい針があって、誤ってそれに触れると、しばらく手がしびれる。針にはヒスタミンが含まれているという。こんなものが食べられるのか。ところがある農家で、料理されたアイコをいただいて、そのおいしさにまたまた驚いた。

じつは、カモシカもイラクサ科の植物をたいへん好む。人間もカモシカも、同じ哺乳動物の仲間だなあと思う。野草はすべて、哺乳動物にとって食料になりうる。しかし一般的には、野草には不快な匂い、まずい味、刺のようなものがあって、簡単には食べられない。これは、動物から身を守るための植物の防衛戦略だと思う。人間が山菜として利用している野草は、毒成分をもたないもの（くせのない草）か、あくぬきなどによって毒を除去しやすいものである。毒をもたない草（ウワバミソウ、クサソテツ、ウド、オオバギボウシ、ササのたけのこなど）は、おそらく動物に食われても食われても、再生してくる力があるのだろう。再生力を防衛手段にしている草だと思う。

図59 積雪上をいくカモシカ

照葉樹林帯をとおってブナの森へ

カモシカやシカは、人間とちがって、強力な胃をもち、植物の主要成分であるセルロースを分解する力をもっている。軟らかい草だけでなく、木の葉や枝先や冬芽も食べる。ここに、北上山地におけるカモシカの夏場の餌植物をしらべた報告がある（表4）。

ブナ・ミズナラの天然林のなかでは、ツリバナ、クロモジ、オオカメノキ、ミヤマガマズミを好み、カエデ類やヤマザクラ類も食べる。沢筋ではアカソ、シャク、ウワバミソウなどの野草を好むが、クマイチゴ、モミジイチゴ、サルナシなどの灌木や木性のつる植物もよく食べる。かなりの木の葉食いであることがわかる。

表4　北上山地のカモシカの夏の餌植物

	植物名	天然林	沢筋
木本	1 ツリバナ	●●●	
	2 クロモジ	●●●	
	3 オオカメノキ	●●●	
	4 ミヤマガマズミ	●●●	
	5 ハウチワカエデ	●●	
	6 ウリハダカエデ	●●	
	7 ヤマモミジ	●●	
	8 アオハダ	●●	
	9 ウワミズザクラ	●●	
	10 クマイチゴ		●●
	11 モミジイチゴ		●
	12 ミツバウツギ		●
	13 マタタビ		●
	14 サルナシ		●
	15 ヤマブドウ		●
草本	16 アカソ		●●●
	17 シャク		●●
	18 ウワバミソウ		●●
	19 ササ類		●

嗜好性：ひじょうに強し●●●，強し●●，ややあり●

（鈴木・他，1983より作表）

冬になると、カモシカの木の葉食いの傾向はいっそう顕著となる。下北半島での観察報告によると、冬の餌ベストテンは、ハイイヌガヤ、キブシ、ミズキ、オオカメノキ、ヒメアオキ、クロモジ、ツノハシバミ、クマヤナギとなっている。落葉樹は枝先と冬芽を食べるが、主食は常緑樹の青葉らしい。しかし、チシマザサの葉はほとんど食べないという。

ここで注目されるのは、ハイイヌガヤ、ヒメアオキなどの常緑樹は、本来、暖温帯・照葉樹林の樹種であるということだ。それらは、日本海側では豪雪に保護されて、ブナ帯まで北上してきたものである。

ニホンカモシカはウシ科、カモシカ属に属し、日本特産で、たいへん原始的な種である。ただし台湾のカモシカは、ニホンカモシカにごく近縁で、亜種関係にあるという説もある。カモシカ属には他にスマトラカモシカという別種がいて、中国、ヒマラヤ、スマトラに分布するという。これらの分布をみると、ニホンカモシカは遠い昔、中国南部から台湾、南西諸島の照葉樹林帯をとおって、日本に入ってきたのではないか、と思う。とすると、カモシカは、もともとは照葉樹林帯の動物ではなかったか。それならブナの森で、常緑樹の葉を主食にしていることも納得できる。

いずれにしても、カモシカは森に執着している。それは、行動が敏捷でなく、森から出ると天敵に襲われる危険があり、そのことを知っているからだろう。しかし森は高木が支配する世界で、林床植物の量はそれほど多くない。カモシカが単独か、小ファミリーで生活し、縄ばりをもつのも、少ない餌資源を破壊しないための知恵といえる。カモシカは森の動物といえる。

シカとミヤコザサ

東北大学農学部附属農場山林での、夏から秋にかけての放飼実験によると、シカが好んで食べる植物は、樹木ではタラノキ、ヤマザクラ類、クロモジ、カエデ類、草ではアキノキリンソウ、アキノノゲシなどキク科植物となっている。樹木は、葉や枝先を食べるが、クロモジはよほど嗜好にあうらしく、幹の樹皮までガリガリかじって、みんな枯らしてしまう。チマキザサもかなりよく食べるが、これは嗜好品というより、主食という感じだ。まったく食べなかったのは、スギ、ヒノキの針葉樹とワラビ、ヒカゲスゲの草だった。

しかし、過密状態になると、樹種を問わず木の皮をかじりはじめ、樹林を破壊してしまう。その例を宮城県金華山島でみる。島の自然植生はブナ・モミの自然林であるが、林床にはブナ、モミ、カエデ類、ヤマザクラ類、ナラ類のなど、高木たちの稚樹・若木は育っていない。みんなシカに食べられてしまったのだ。残っているのは、ハナヒリノキ、シキミ、サンショウ、メギなど有毒植物か、刺のある植物か、ガマズミのような再生力の強い灌木だけだ。高木群が老齢になって、台風で倒壊したとき、この森はどうなるのだろうか。おそらくススキかササの草山になってしまうだろう。

岩手県の五葉山はシカの多い山だが、その山麓にあるコナラ林の林床には、ミヤコザサが一面に生えて、コナラ・ミヤコザサ群落を形成している。ミヤコザサは、成長点が地ぎわから地下にあって、地上部の稈や葉が食べられても、翌年は芽を出してくる。食べられても食べられても滅亡しない。シカと共存できる植物なのだ。丹沢のシカは、冬のあいだスズタケの葉を食べているという。

シカの食性は、カモシカとよく似ていて木の葉食いであるが、冬になると、ササ類を食べる傾向が強く出てくる。森での生活から林縁の草原へ出て、草食い、とくにササ食いの方向に進化していることがうかがえる。しかし、ササ類がシカの食害によく耐えるといっても、集団で常時食べられては、餌植物は枯渇する。そこでシカは、夏は草原を求めて山へ登るという行動をとる。大台ケ原、丹沢山、日光山塊、五葉山などの山で、そのようなシカの動きがみられるという。

ササ属は日本特産の植物である。属名も英名もsasaという。もともとは熱帯起源のバンブーから進化し、寒冷な日本に北上して、丈の低いササに進化したらしい（II章・8参照）。しかし、考えてみれば、比較的温暖多雨な日本では、自然条件下では森林が成立し、暗い森のなかではササ草原は存在しにくい。日本でササ類がよく繁茂している場所は、森林が成立しにくいところで、亜高山帯ではチシマザサの草原が発達しているし、低山帯では、火山山麓などでササ草原が成立しやすい。阿蘇山麓ではネザサの草原が発達しているという。

大陸で進化したニホンジカは、森から出て、林縁の草原をつたって日本へ入ってくる。大陸の草原はどんな植物が支配しているのか、私にはよくわからないが、日本の草原はササ原が多く、ニホンジカはササ原と相互関係を深めていく。とくにミヤコザサと深い関係になっていったようだ。

昔は、ササ草原はそんなに多くはなかっただろう。だからシカの個体数もそれほど多くはなかったにちがいない。シカにとって好ましい環境ができたのは、人類が日本列島に入ってきて、森を焼き、焼き畑をつくるようになってからではないだろうか。森林伐採は、ササ草原を拡大し、それがシカの繁栄をもたらし、そのシカがまた、人類の食料となった。シカはササ草原への適応を強めた。とはいうものの、シカはまったくの草原動物とはなっていない。朝夕は草原に出て草を食べるが、日中は森のなかで休憩し、反芻している。森は、反芻の場であり、天敵から身をかくす隠れ家でもあるのだ。だから、自らの食害で森を破壊しては困るのだが、最近、シカによる森林破壊が各地でおきているのは、生態系のバランスに変調が生じていることを物語っていると思う。

ニホンジカ（シカ科）の分布は、日本を中心に、中国大陸東北部海岸地域にまで広がっている。日本には、カモシカより遅れて、朝鮮半島とサハリンをとおって日本に入ってきたらしい。そして両者は日本で遭遇する。シカとカモシカは、科は異なるが、食性はよく似ているので、餌に対する争いがおこる。当然、進化の進んだシカが勝ち、カモシカはシカに追われて北方へ逃げていく。そして、ついに日本海側のブナの森に到達する。そこは豪雪地帯である。大陸の草原に育ったシカは、寒さには強いが、雪は苦手である。いまでも、積雪五〇センチを越す地域ではシカは生きていけない。カモシカは、シカの入れない豪雪地帯に逃げこむことによって、生き残ることができたのである。そこにはカモシカの餌となる常緑低木も生きている。カモシカの命を守ったのは、日本海側の豪雪とブナの森なのである。

〔文献〕2、36、39、47、74

（注）高槻成紀著『北に生きるシカたち』（どうぶつ社、平4）には、シカとササの関係が興味深く書かれている。

6　大台ケ原のシカの害

コマドリの想い出

もう四〇年も昔、高校を出て浪人中のとき、近鉄旅行会で大台ケ原に登ったことがある。まだ山岳自動車道がなかった時代だから、近鉄とバスを乗りつぎ、途中宿場で一泊、二日目は山道を一日歩いて、やっと頂上に到達した。

山頂といっても、大台ケ原は針葉樹林に囲まれた平坦な台状地形。針葉樹林もそれほど高木ではなく、人を圧倒するような感じもなく、むしろ明るくて、とても爽快だった。樹林のなかから、鈴を振るような鳥の声があちこちから落ちてくる。その声に恍惚とした気分になった。そこは、まさに別天地、歩いてきた者だけが味わえる桃源郷だった。

しかし、その鳥がなんであるかわからず、大阪に帰って旅行会の人にたずねると、「吉野駒」という返事だった。コマドリだったのである。昆虫については、当時、それなりの知識と興味をもっていたが、鳥に関する知識はなく、まして木についてはまるでなにも知らなかった。しかし、大台ケ原の針葉樹林と、そこに生息する美声の野鳥のことが頭から離れず、森への憧れが昂じて、私はとうとう、大学は農学部に入り、林学を専攻することになる。

トウヒにシカの害発生

林学を学んで、大台ケ原の針葉樹はトウヒであることを知った。トウヒというのはマツ科トウヒ属に属し、北海道のエゾマツとは亜種関係になる木で、本州では亜高山帯に自生し、尾瀬沼周辺と大台ケ原には、かなりまとまった群落がみられる。

その大台ケ原のトウヒ林が、いま、シカの食害をうけて崩壊しかけているという。私の想い出の森が、いったいどうなったのか。幸い、奈良県林業試験場の柴田叡弌さんから、最近の詳しい情報を得た。そこで、大台ケ原のシカ問題を考えてみた。

ともかく、柴田さんの情報を読んでみると、大台ケ原のトウヒに対するシカの剝皮の激しさは異常とも思える。県では対策に苦慮しているようだが、適切な対策をたてるためにも、そうなった原因を推理してみる必要がある。そこで以前はどんな状況だったのか、文献からしらべてみた。

まず、菅沼・鶴田さんの『大台ケ原・大杉谷の自然』と柴崎さんの『梢の博物誌』を読んでみた。前者は昭和五十年発行で、四十年代はまだ、シカの害は問題になっていない。「シカをよく見かけるのは正木ケ原を中心とした東大台である」という程度である。

柴崎さんがシカ害を調査したのは昭和五十五年、このときは調査したトウヒの三二パーセントが被害をうけている。その三年後の昭和五十八年に、柴田さんたちの調査が行なわれている。被害率はプロット2が一〇〇パーセント、プロット4が七七パーセントとなっている。シカの剝皮被害は、昭和五十年代に入って徐々に増えはじめ、五十年代後半になって無視できない状態となったと考えてよいだろう。

シカの害が増えたのは、なぜ？

では、どうして五十年代になってシカ害が増えはじめたのだろうか。菅沼・鶴田さんの本に次のような記事がある。「トウヒ林は、多量の降水量に支えられて、少なくとも伊勢湾台風が来襲した昭和三十四年までは、稀に見る美しい樹林を形成していた。……。さて、このトウヒ林は伊勢湾台風をまともに受けたわけであるが、鞍部の倒木はとくにひどく、倒木によってできた大穴を中心にして、立木の枯損が目立ちはじめ、伊勢湾台風が吹きすさんでから一五年たった現在でも、被害のあとは回復していないどころか、悪い状態へとつき進んでいる。つまり、台風の直撃でトウヒの高木が倒れたために、直射日光が林内にさし込むようになり、林内の微細気象条件をかえるようになった。その第一条件は乾燥と高温であろう。こうして、生理的なバランスを失ったトウヒはしだいに求心的に枯損しはじめた。（中略）、昭和三十五年に大台ケ原にドライブウェーがつき、……。直射日光と、踏みつけによって、コケ類は等比級数的な数量で姿を消し、やがてそのあとにはミヤコザサ（イトザサ）が猛烈な勢いで生活圏をひろげていったのである。」

この文を読んで、シカ害の発生はこのミヤコザサ草原の増加と関係している、と私は思った。もともと、大台ケ原のシカは、おそらく冬は暖かい南側の山麓地帯ですごし、春とともに山へ登り、移動していたのだろう。そのコースは林床にミヤコザサ群落のあるブナの森をつたって、最終的には東大台の尾鷲辻《おわせつじ》あたりにまで達していたのであろう。東大台一帯には、程度の差こそあれ、昔からミヤコザサの草原が存在していたと思う。とくに尾根筋の風あたりの強いところでは、森はどうしても疎林となり、そのあいだにミヤコザサの群落が発達する。そんな場所が、大台のシカの生活をささえていたのだろう。

シカとミヤコザサの結びつきは全国的で、シカはミヤコザサを主食として生活し、ミヤコザサという植物は、シカの食圧のもとで、繁栄していくように思える。シカもミヤコザサも、ともに深い雪は苦手で、その生活圏も一致している。つまり、ミヤコザサが繁茂できるところでは、シカも繁栄できるというわけだ。もし大台ケ原のトウヒ林がしっかり鬱閉していて、林床にミヤコザサ群落が発達しなければ、シカはトウヒ林まで出かけることもなかっただろう。

図60 クマイザサを食べるシカ

柴田さんの情報によるとと、「シカは、ササを食べ、トウヒの樹皮を剝いで食べ、またササを食べ」とあるが、これは、ウシやシカやカモシカなど、大型の反芻草食獣の特性ではないかと思う。つまり、軟らかい草ばかり食べていると、繊維質の木の樹皮のようなものが欲しくなるらしい。これは生理的要求と思われる。

ただしその場合、好き嫌いがあるはずで、まず、味のよいもの、匂いのよいものに口をつけるが、選べる木の種類がかぎられてくると、なんでもかじりはじめる。雑木林を伐採してスギやアカマツを植林したところでは、広葉樹は食べてもスギ・アカマツは食べないが、牧草地のなかにスギ・アカマツを植林すると、スギ・アカマツにかなりの食害が出る。大台のトウヒ林では、ほかに食べるべき広葉樹がないのだろうか。そうだとすれば、トウヒは食害されることになる。

広葉樹は一般に、動物の食害に対する回復力が強く、木が枯れても根株から萌芽してくるものが多い。そして林の崩壊は避けられる。しかし、針葉樹は動物の食害にきわめて弱く、簡単に枯れていく。針葉樹が一般に、動物や昆虫に対して忌避成分をもっているのは、自己の弱さの証明でもある。

結局、大台ケ原のシカ害の増加は、ミヤコザサの草原が増えたことに関係があり、その遠因は、伊勢湾台風によるトウヒ林の破壊にあるといえそうだ。もともと、トウヒ（エゾマツも同じ）の原生林は、台風→破壊→再生→高齢林形成（この再生過程は、まずウラジロモミ林が形成され、次にウラジロモミとトウヒの混交林ができ、最後にトウヒの純林となる）→台風→破壊という、ダイナミックな遷移を繰り返しているのかもしれない。ただ、それが一〇〇年―二〇〇年という長い年月をかけて動いているので、われわれの目には一断面しかとらえられないだけだ。

この破壊から再生の過程で、ミヤコザサ群落が一時的に繁栄する時期があり、そのときはシカの個体数も増加するが、昔はおそらくオオカミのような天敵が有効に働いて、シカは森を破滅するほどには増えなかったことも考えられる。いずれにしても、現在、大台ケ原でシカがトウヒ林を破滅させるばかりの勢いで食害しているのは、自然の姿とは思われない。天敵のオオカミがいなくなった現在、そしてもし人間による餌の供給（大台では、まさかシカに餌づけなどしていないと思うが、餌づけしなくても、旅館からの残飯、観光客の残飯の投げ捨てなど）があれば、この異常事態はつづく可能性がある。

では、大台ケ原のシカに対して、どのような対策が考えられるだろうか。

トウヒ林の破壊された部分が、自然の力でなんらかの樹林再生への方向に遷移を進めていけるなら、そのままでよい。もし人間の影響が働いて、シカ個体群の力が強大になる方向にあるとすれば、そして、トウヒ林を破壊してしまう危険があるなら、トウヒ林をシカから守るための手段をとるのも止むをえない(宮城県金華山のシカ害は、その例である)。しかし、私は、自然の動きに対しては、なるべく人間は手を出さないほうがよいと考えている。その解決は、できるだけ自然の手にゆだねる。そのほうが、根本的な解決になる。

人間ができることは、トウヒの森からできるだけ人間の影響を排除すること。オオカミがいなくなった現在、人間がオオカミのかわりをつとめるべきだ、という考えもあるが、自然がどのようにコントロールするか、それを期待して待つほうが、最終的にはよい結果が得られるのではないか、というのが私の考えである。

〔文献〕34、38

V　森の分解者

―森の掃除屋―

1　糞虫、牧場で大活躍

ファーブル昆虫記のタマオシコガネ

私は少年時代を大阪ですごした。小学生のとき、姉の昆虫採集の手伝いで箕面の山を何回か歩いた。夏休みの宿題だった。それがきっかけで、だんだん昆虫に興味が湧いてきた。中学一年のとき、教室で一人の昆虫少年と知りあった。N君のカバンの中には、岩波文庫の『ファーブル昆虫記』があった。そのころ私は淀川の近くにすんでいて、一日中、野原や川原で遊んでばかりで、本というものを読んだことがなかった。「この本、おもしろいで」という彼に、深い尊敬の念をいだいた。

ある日、彼の家に招待された。石橋の閑静な住宅街にあった。カナリヤが美しい声でさえずっていた。美人のお姉さんがケーキを出してくれた。N君は、近くの雑木林に精通していた。オオクワガタのいる木も教えてくれた。カミキリムシやオサムシのこともよく知っていた。私は、ますます感心した。早速、昆虫記を買ってきて、一生懸命に読んだ。昆虫学に関して、早く彼と同じレベルに到達したかったからだ。

昆虫記のなかにヒジリタマオシコガネ（聖玉押し黄金）の話が出ている。この虫は、動物の糞を玉のようにまるめて、逆様になって後脚で押して歩く。古代のエジプト人は、この玉を太陽とみなし、この虫を太陽神ケペラの化身と考えた。スカラベ・サクレという学名は、神聖な甲虫という意味で、古代エジプト人の信仰から名がつけられたのだ。もちろん正しくは、この虫は糞玉のなかに卵を産みこみ、幼虫は糞を食べて成長するのであるが、ファーブルのころは、まだだれもそんな事実を知らない。ファーブルはこの虫の生活史を四〇年もかけて解明していくのである。彼がすんでいた南フランスは、ヒツジの放牧がさかんに行なわれていて、その糞にはいろいろな糞虫が集まったようだ。

私は糞虫に興味をいだいた。このタマオシコガネは、残念ながら日本にはいないが、日本の糞虫にも、いろいろおもしろい虫がいる。昆虫採集の初心者がまずはじめに遭遇する糞虫は、金属的な美しい光沢をもつセンチコガネの仲間である。金紫色のオオセンチコガネは箕面で捕った。昆虫図鑑をしらべてみると、奈良の春日山には青藍色のルリセンチコガネが、京都の牛尾山には金緑色のキンイロセンチコガネが生息しているという。すぐ採集に出かけた。

白い絹の捕虫網を手にもって、奈良の春日山にいった。公園の入口で、監視員にとがめられた。

「こらっ！　捕虫網をもって山に入ってはいかん。」

びっくり、どきどき、すぐ網をリックにしまう。しかしこのまま帰るのは、なんとしても心残りだ。山の裏道を登ることにした。山道に落ちている獣糞をひっくり返しながら歩く。いた。青藍色に輝くルリセンチだ。来た甲斐があった。弁当を食べながら、上を見上げる。すごい原生林だった。家に帰って昆虫図鑑をしらべ、春日山にルーミスシジミという、天然記念物の蝶がいることを知った。

牛尾山は低い山で、雑木林のなかの平坦な小道をのんびり歩いた。数頭のキンイロセンチを採集して、満足する。山道に落ちている獣糞がキツネのものか、タヌキのものか、あまり記憶がない。そこまで関心がなかったのだ。

こうして私は、山をひとり歩きすることのたのしさを覚えた。学年が進むにつれて、私の昆虫熱はますます激しく燃えていったが、どうしたことか、N君は逆にだんだん昆虫への情熱を失いだした。話も嚙み合わなくなり、石橋の家を訪ねることもなくなった。

大学牧場で糞虫をしらべる

糞虫は変わった形をしたものが多い。少年は、カブトムシやクワガタムシのような、角のある虫を好むが、糞虫も小さいながら、角をもつものが多くて、おもしろい。ダイコクコガネは、形こそカブトムシより小さいが、先のとがった堂々たる角をもっている。図鑑をみながら、なんとかこいつを捕りたい、と思ったものだ。ゴホンダイコクは、ダイコクコガネよりさらに小さいが、なんと五本も角をもっている。どんなところにいるのかな。ツノコガネという種もいる。こいつは湾曲する、細くて長いスマートな角を一本もっている。捕りたいな。昆虫図鑑をみていると、夢がどんどん広がってい く(図61)。

あれから、もう五〇年も経過してしまった。私は大学で林学を学び、森林昆虫を専門とする研究者となった。趣味が昂じて、職業になってしまったのだ。南伊豆、北海道、東京と転勤を重ねながら、森林昆虫の研究をつづけ、昭和五十二年に、宮城県鳴子町にある東北大学の農場・演習林に招かれた。

大学の山は、山頂部一帯(標高六二〇メートル)が牛の放牧場になっていた。畜産学科の先生や学生たちが、放牧牛の行動を観察したり、牧草の育て方を研究したりしていた。放牧牛は草地のまわりの森林のなかにも入って生活している。ここには糞虫がいるぞ。

私は東北に来るまでは、森林害虫の研究ばかりしていた。しかし、糞虫のことを忘れていたわけではない。そこで、東北大学の山には糞虫が多いぞ、という情報をそれとなく流しておいた。ある日、北海道大学理学部大学院の女の子が訪ねてきた。糞虫をしらべたいという。すぐOKする。この機会に、わが山にはどんな糞虫が生息しているのか、しらべてみよう。私は、研究室のY技官をこの研究者のたまごに張りつけ、調査の手伝いをさせるとともに、研究のテクニックを学ばせた。

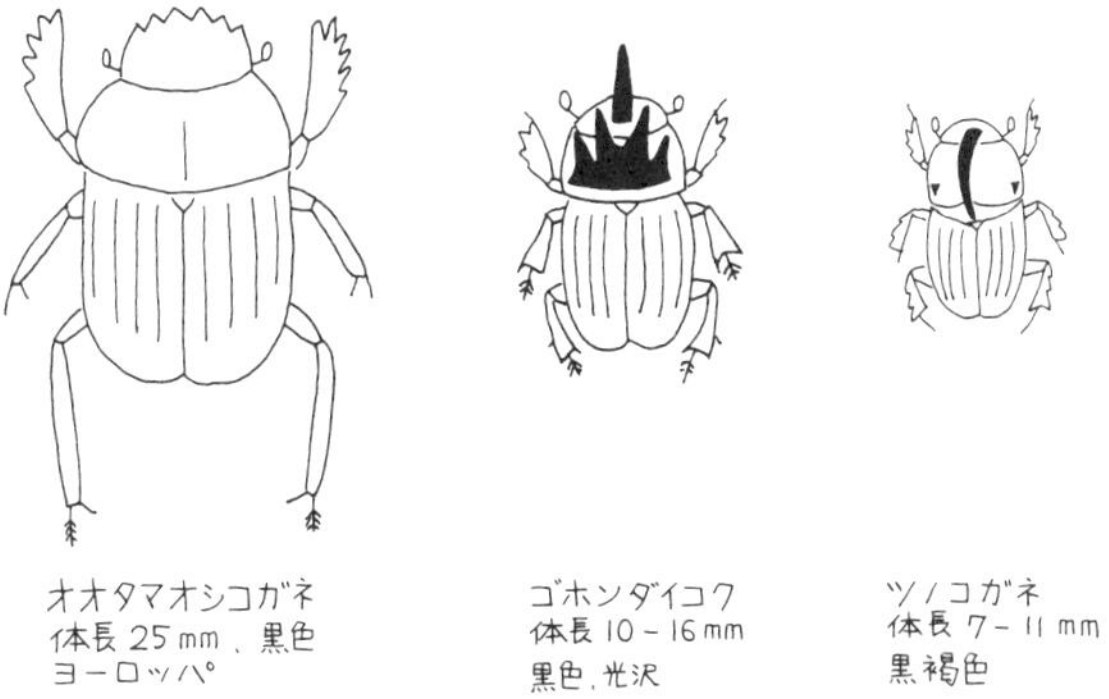

図61 個性派の糞虫たち

女の子は、糞虫のなかの一つ、エンマコガネ類の生態研究をして、札幌に帰っていった。次に私たちは、その翌年と翌々年の二年にわたって、山の森林や牧場に、どんな糞虫が、どのくらい生息しているか、季節をおってしらべてみた。新しい牛糞を、森や草地に配置し、集まってきた糞虫を捕獲する、というやり方である。

私の研究意図はもう一つあった。それは、牧場という、ウシがたくさんいて糞もいっぱいある、つまり人間がつくり出した環境のなかで、糞虫がどのように働いているかを知ると同時に、哺乳動物がそれほどたくさん生息しているわけでもない自然の森林のなかでは、どんな糞虫が、どの程度生息しているのか、牧場と比較してみたかったのである。

糞虫の種類と個体数　―牧場とブナの森での比較―

牧場で捕れた糞虫の種数は二二種、個体数の多い順に名をあげると、オオマグソコガネが最多で全体の二四パーセント、続いてマエカドコエンマコガネが二〇パーセント、コマグソコガネが一八パーセント、ツノコガネが一一パーセントという順になった。ダイコクコガネは捕れなかったけれど、少年時代、夢にまでみたゴホンダイコクやツノコガネがたくさん捕れたのには驚いた。君たちは、こんなところで生活していたのか。

では、これらの糞虫は、どんな植生に好んで生活しているのだろうか。森林、野草地、人工草地(牧草地)にわけて採集個体数を比較してみた(図62)。森林に出現したのはセンチコガネで、この虫は草原では捕れなかった。森林生息性の糞虫と考えられる。マエカドコエンマコガネは森林にも草地にも同じ程度に出現した。どこでも生きていけるらしい。オオマグソコガネ、ツノコガネ、コマグソコガ

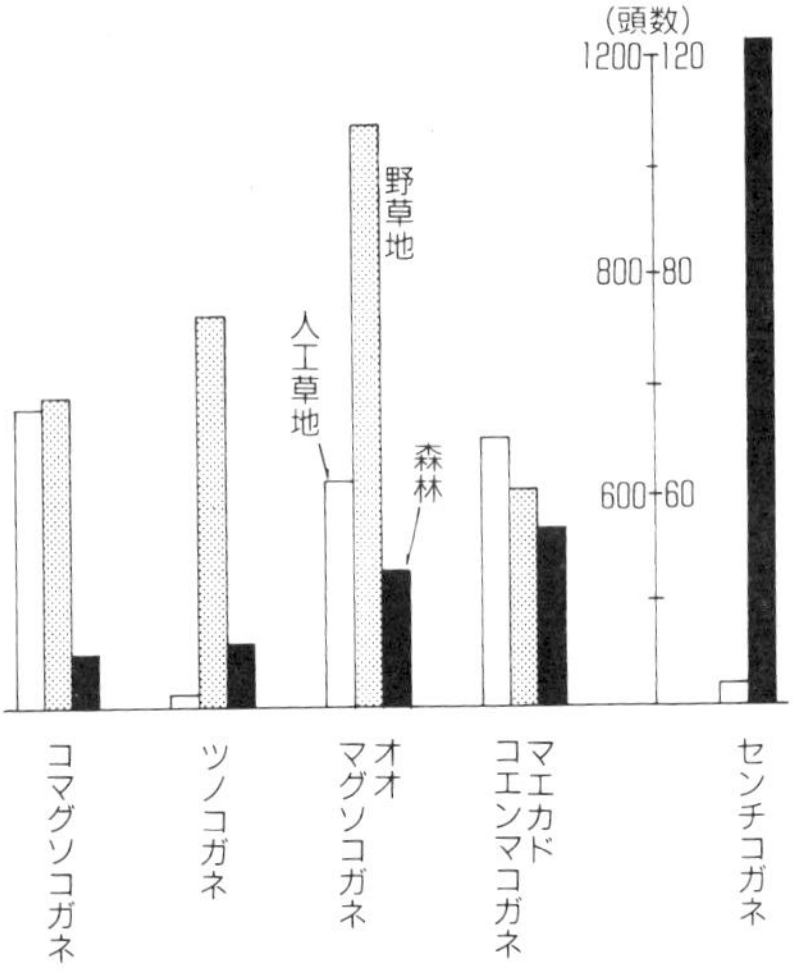

図62 糞虫はどんな植生の場所を好むか。5種の糞虫について，植生別の個体数を比較した。

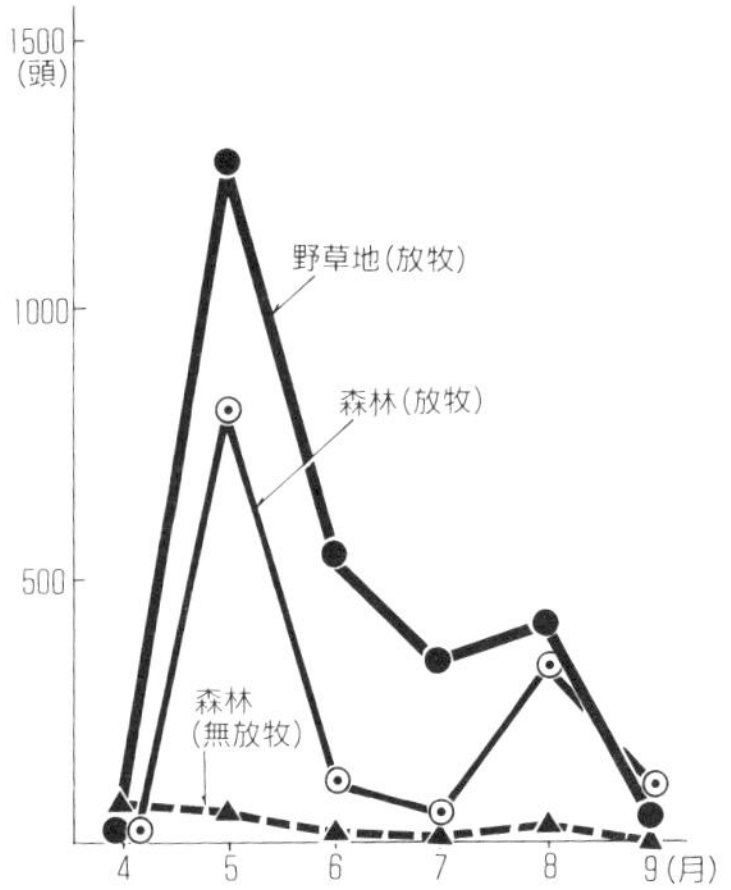

図63 野草地と森林における糞虫個体数の月別変化。糞虫は放牧地に多く，自然林には少ない。

ネは草地に好んで出現した。草原の糞虫といえる。ただし、ツノコガネは人工草地を好まないようで、自然派の糞虫らしいが、あとの二者は人工草地でも活躍している。適応力の強い種といえる。

カドマルエンマコガネは、糞塊のすぐ下にトンネルを掘り、その先端に糞を詰めこんで産卵するという。ゴホンダイコクは、糞塊の下に深さ六―八センチまでトンネルを掘り、その先端に楕円形の広い地下室をつくり、そのなかで数個の糞玉をまるめて産卵するという。エンマコガネ類にくらべると、かなり手がこんでいる。あの立派な角は、トンネルを掘ったり糞玉をこねたりするときに役立つのだろうか。

いずれにしても、これらの糞虫は、動物の糞の掃除屋で、彼らがいないと牧場は糞の山で窒息してしまうことになる。糞虫は動物の糞を食べることによって、草原・森林生態系のなかで分解者として重要な働きをしていることがわかる。少年時代と異なって、いまは生態学の目で糞虫をみることができるようになった次第である。

なかでも、牧場という人間がつくった環境で、糞の掃除屋として大活躍しているのは、コマグソコガネ、オオマグソコガネ、マエカドコエンマコガネという、比較的小型の糞虫であった。その働きは賞賛ものだ。

次に、放牧をしている草原および森林と、放牧をしていない自然の森林（ブナの森）で、糞虫の採集個体数を月別に比較してみると、図63のようになった。自然のブナの森の糞虫数は、牧場にくらべるときわめて少なかった。もともと自然の森のなかには、生息できる哺乳動物の数が少なく、したがって獣糞も少ない。だから、それは当然のことだ。種類でいうと、センチコガネ類が比較的多かった。

〔文献〕20、22、23

2　樹木の穿孔虫とキツツキ

屋根裏のアオゲラ

私の宿舎は大学農場のなかにあった。その屋根裏にアオゲラが訪れたのは昭和五十五年の晩秋だった。その日は土曜日、午後は宿舎で原稿書きをしていた。トントントン、トントントントンと二階の屋根をたたく音がする。だれか屋根の修理にきたか、と思いながら、書きものをつづけた。しばらくして、今度はガンガンガン、ガンガンガンと、かなり強い音がする。釘を打つというより柱をたたき壊すような音が伝わってくる。乱暴だなこの大工は、と思ったものの、待てよ、大工にしては少し変だぞ。

私は、玄関のドアをそっと開け、隙間から屋根を見上げた。二階の外壁に小さな通風窓があり、すのこ状の木枠がはめこんである。その木枠にアオゲラがかじりついて、ガンガンたたいている。そのたびに木片がパラパラ落ちてくる。頭頂部の赤色が目立たないから雌だろう。私は全身を現わして外に出た。アオゲラはあわてて、むこう側のスギの防風林に逃げていった。木枠はすでにかなり削りとられていた。もう何日もつづけているらしい。単身赴任で日中は留守にしていたので、気づかなかったのである。

鳴子の冬は吹雪いているか、どんより曇る日が何日もつづく。それが、二月中旬ころになると、朝からからりと晴れて、深い青色の広がる日が多くなる。そんな日はきまって、宿舎前のエドヒガンの並木（樹齢八〇年くらいの老木群）から、キョッ、キョッ、キョッとキツツキのはずんだ声が聞こえてくる。アオゲラのときもあるし、アカゲラのときもある。昭和五十六年三月五日、早朝から二階の窓の外でピョー、ピョーと大きな声がする。アオゲラだ。トントントンと窓の木枠をたたく。時計をみると、六時だった。翌日も、そして翌々日も、六時きっかりにやってきて、ピョー、ピョーと二声挨拶してから、トントントントンと一〇秒くらい仕事をして、また外へ飛んでいく。かなり忙しそうな動きである。

三月になると、あたりは急に春めいてくる。雑木林ではマンサクが咲き、ホオジロやキジがさかんに高鳴きをする。三月二十三日は夜、フクロウがよく鳴いた。そのころ荒雄《あらお》川のオオハクチョウの群れが北へ向かった。農場周辺ではヤマネコヤナギが枝一面に白い綿をつけはじめた。

四月はじめ、仕事で一〇日ばかり農場を留守にした。帰ってみると、防風林の下のササ藪でウグイスがさかんに鳴いている。四月十五日、宿舎前の広場のコブシが満開となり、その翌日、夏鳥のセンダイムシクイがやってきた。

そして四月二十二日のことだった。勤務を終え、夕食前のひととき、原稿を書いていると、天井裏でなにものかがゴソゴソ動く。ときどき軽くコツコツとたたく。アオゲラだ。とうとう、わが家の屋根裏をねぐらとするのに成功したのだ。この日から数年間、私はアオゲラと共同生活をすることとなった。

アオゲラの目覚め時刻

アオゲラは、宿泊に来たり来なかったり、行動は気まぐれだった。しかし、朝の目覚め時刻はかなり規則正しく、窓の外が白みはじめると、活動を開始した。私は、朝早く起きるのは苦痛であったが、昭和五十九年の正月、一念発起して、アオゲラの目覚め時刻を記録することにした。枕元に時計とノートをおいた。記録は一月から七月までつづいた。その結果は、図64に示されている。

アオゲラは、目が覚めると、まずゴソゴソ動き、軽くトントンたたく。次に大きな声でピョーと二声ほど鳴き、連続たたき行動（ドラミング）をする。ときには、ゴソゴソしたあと、黙って出ていくこともある。目覚めから外出までの時間はまちまちで、すぐ出ていくこともあるし、一〇分ほど、ぐずぐずしていることもある。図64には、最初の目覚め行動の時刻を示してある。また、アオゲラはしばしば外泊するし、私のほうも出張などで留守をすることがあり、グラフの点は連続していない。

観察結果をまとめてみると、一月中旬から三月下旬までは、原則としてわが家の屋根裏を睡眠場所としていたが、三月末からは家に帰らなくなり、早朝のピョーという鳴き声は、外のエドヒガンの並木のほうから聞こえた。四月十九、二十日の二日は家をねぐらとしたが、それからまた帰らない日が

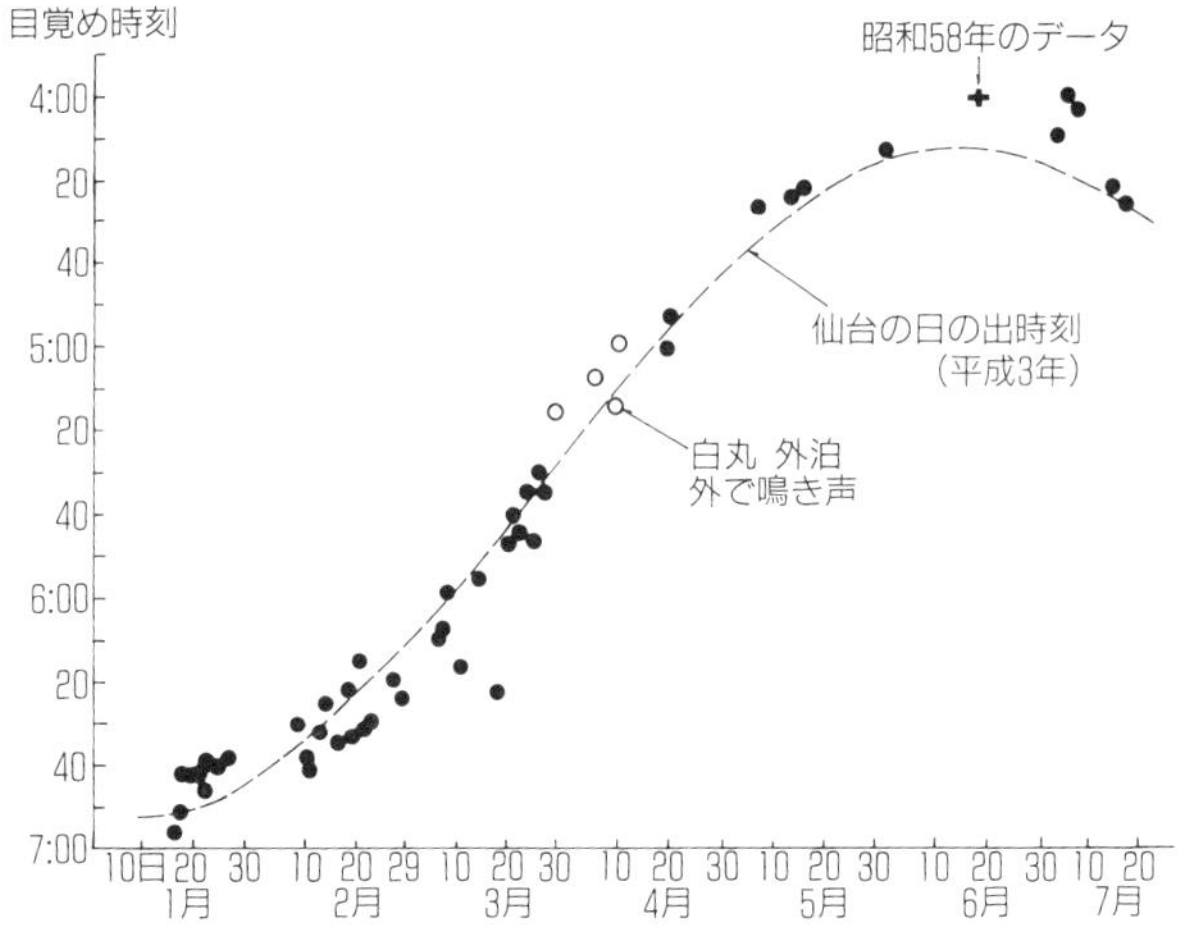

図64 アオゲラの目覚めの時刻（昭和59年，鳴子町にて）

多くなり、ときたま気がむくと帰るという行動がつづいた。しかし七月に入ると、また家に帰ってくる日が増えてきた。

四月から六月にかけての不在は、外での繁殖・育雛活動が忙しいことを示しているのであろう。そして七月に入ると、繁殖活動も終わるようである。

目覚め時刻は、冬から春、春から夏へと進むにつれて早くなり、六月下旬がもっとも早くなった。その時刻はほぼ午前四時であった。そこで、平成三年の仙台の日の出時刻を図64に書きこんでみた。目覚め時刻は、日の出時刻と関連していることがわかる。アオゲラはやや寝坊で、いつも、ニワトリの鳴き声よりも一〇分ほど遅かった。

クリ—クリタマバチ—枝枯れ—穿孔虫—キツツキ

大学農場の山には、コナラ、アカシデを主とする雑木林が多い。雪がしまる三月は、かんじきをはいて林のなかを歩く。枝先が赤く萌えているのは、カエデの仲間とミズキだ。フイッ、フイッと、口笛を吹くような声がすれば、ウソである。これは、サクラ類の冬芽を好んでついばむ。

ところどころで枯れ木がみられる。枝や幹の樹皮が剝がされ、材部まで丹念に孔があけられて、全木が白骨のようになっている。近づいてよく見ると、材に小さな、まるい孔がたくさんついている。穿材性の甲虫の孔だ。その材のなかにいる幼虫や蛹を、キツツキが冬の餌としているのである。

夏、森の野鳥の多くは、木の葉を食べる蛾の幼虫を餌とする。冬になると、木々は落葉し、蛾たちは卵か、小さな幼虫の状態で、幹の割れ目などに隠れて冬を越す。またある種のものは、落葉層にもぐって冬を越す。餌がとれない野鳥たちは、冬は暖かい地方に移動する。

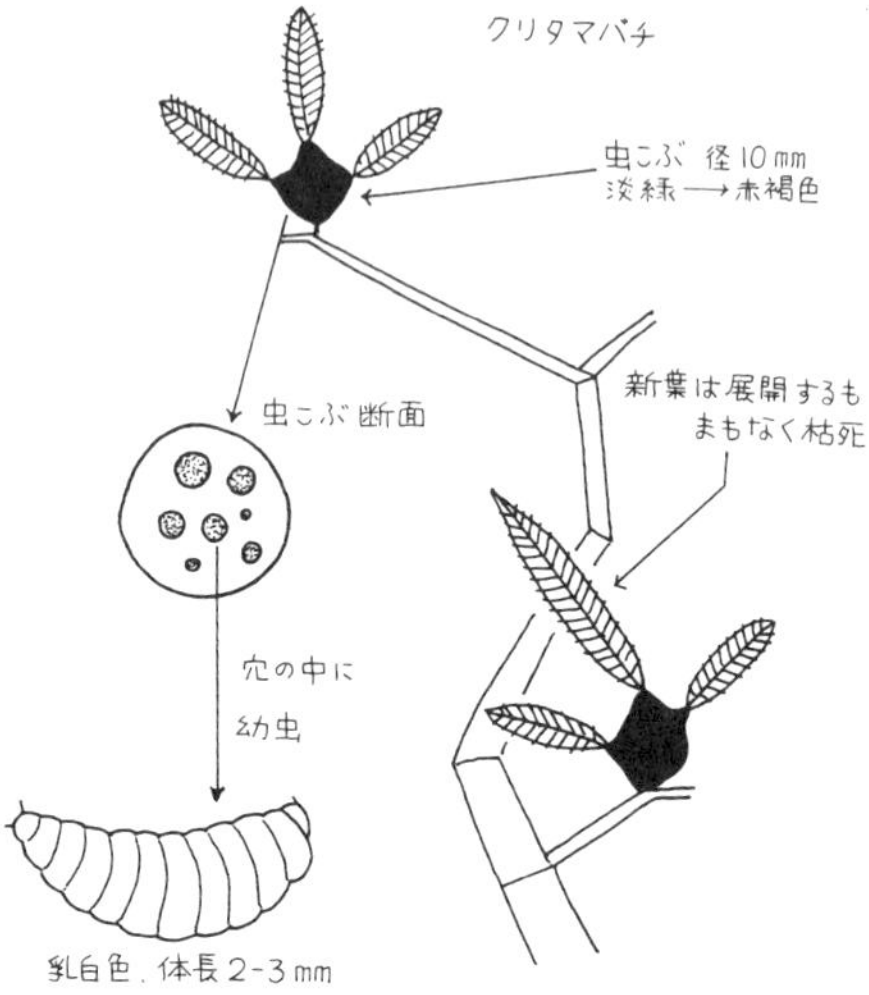

図65 クリタマバチの幼虫とクリの芽への寄生

冬の落葉広葉樹林は、夏鳥たちがいなくなって寂しい。そんななかで、おおいに活躍しているのが、キツツキの仲間だ。キツツキが冬でも落葉広葉樹林で生きていけるのは、枯れ木の幹や枝の樹皮の裏側や材中に、穿孔虫と呼ばれるキクイムシやゾウムシやカミキリムシが、たくさん越冬しているからだ。小さいくちばしのコゲラは樹皮裏の虫を捕り、くちばしの大きいアカゲラやアオゲラは材中の虫を捕る。

穿孔虫は、木が老衰して弱るか枯れると、木に穿孔し、繁殖する。若くて健康な木には、原則として寄生しない（例外クワカミキリ—クワ・ポプラ、ゴマダラカミキリ—シラカンバ）。では、農場の雑木林では、どんな木がよく枯れ、穿孔虫の繁殖の場となっているのだろうか。しらべてみると、全木枯れているのは、クリがもっとも多かった。枝枯れしているのはコナラやヤマザクラ類の老木だった。サクラ類は成長が速いが、比較的短命で、老衰するとすぐ枝枯れをおこす。また東北地方の雑木林には、コナラの高齢木が多く、これもよく枝枯れをおこす。これらが穿孔虫の繁殖の場を提供し、それがまたキツツキの冬の生活をささえるのである。

とくにクリは、壮年の木も老木もよく枯れ、キツツキの絶好の餌場となっている。なぜ、クリはこんなによく枯れるのだろうか。じつは、クリが枯れていくのは、老衰のためだけではなく、クリタマバチという、芽に虫こぶをつくる、小さなハチ（図65）が原因なのである。東北の里山はクリ帯と呼ばれるほど、かつてはクリの高齢・大木が多かった。ところが戦後、クリタマバチが全国的に蔓延し、山のクリはほとんど枯れてしまったのである。現在残っているのは、抵抗性をもつクリだけだが、それでも毎年被害をうけると、枝が弱り、それにキクイムシが穿孔して枝枯れとなり、ついに全木枯死にいたる。

クリタマバチという森林害虫が大発生し、クリを大量枯死させたことは困ったものだが、その結果、穿孔虫が大増殖し、キツツキは大喜び、というわけである。しかしこれも一時的な現象で、山のクリは、抵抗性のないものは淘汰され、抵抗性のあるものだけが生き残る。そして抵抗性クリが増えてくれば、森も安定をとりもどすだろう。そうなれば、穿孔虫の異常増殖もなくなる。キツツキだっていつまでも浮かれてはいられない。

図66 クリタマバチの寄生を受けて枝枯れするクリ

では自然生態系のなかで、どんな森がキツツキにとって生活しやすいのだろうか。それは、枯れ木発生の多い森である。枯れ木発生の多いのは、高齢の自然林、つまり原生林か、それに近い森ということになる。では里山の雑木林はどうか。若い林だから、枯れ木は少ないのだろうか。ちょっと気になって、青葉山へしらべにいった。

雑木林の中心になっている樹種は、コナラ、ミズナラ、クリ、ヤマザクラ、アオハダ、リョウブ、エゴノキなど、切り株から萌芽する木である。幹は最初、切り株から五―六本伸びだすが、成長するにつれて混み出し、だんだんと枯れ、最終的には一―二本しか残らない。つまり、雑木林では、必ず枯れ幹が生じるしくみになっている。そして枯れた幹にはさまざまな穿孔虫が寄生している。

コナラやクリは、健全木であっても、シロスジカミキリがよく寄生していた。これはおもしろい木だ。雑木林にはその他、ヤマハンノキ、ヤマネコヤナギ、ヤマナラシ、ヤマウルシ、ヌルデなど、陽樹といわれる木が多い。これらは比較的短命で、早く枯れていく。広葉樹に、アカマツやモミなどの針葉樹が少量混交すれば理想的だ。マツ科の針葉樹は枯れやすく、穿孔虫が寄生しやすく、キツツキにとっては、好ましい木なのだ。

雑木林は若いのに、案外枯れ木の発生が多く、キツツキにとってはすみやすい条件ができていることを知った。

3　シラカンバの敵・ゴマダラカミキリ

シラカンバは病虫害に弱い、なぜ？

ある夏の一日、当時まだ小学生だった二人の子供をつれて、家族で信州霧ケ峰から白樺湖までハイキングをした。車山山頂からみた白樺湖は青く光っていた。私たちは、薄紫に彩られたマツムシソウの斜面を、クジャクチョウ、キベリタテハ、スジボソヤマキチョウなどを追いながら、湖めざして降りていった。

しかし、湖畔にはシラカンバの林はなかった。名称の詐称だ。私はがっかりして、茅野駅行きのバスに乗った。湖を離れたバスは、蓼科山麓を何度もカーブしながら、徐々に高度を上げていく。それにつれて、信州の高原らしい景観が展開してきた。車窓の右左に優美なシラカンバの樹林が現われては消えていく。その幹肌の輝くような白さに、心をうばわれた。白樺湖の周辺の山は、やはりシラカンバのふるさとであった。

図67　シラカンバの林（岩手県平庭高原）

それからしばらくして、私は東京を離れ、東北の田舎町鳴子に赴任した。農場の研究室の窓からシラカンバの樹林がみえる。春になると、新葉は淡い、透きとおるような緑で、高原のさわやかな雰囲気を出してくれる。

ところがある年、メイストームが吹き荒れ、根倒れするものが続出した。風倒木をしらべてみると、幹の基部から根部にかけて、ゴマダラカミキリという鉄砲虫にひどく食害され、さらに腐朽菌が侵入して、木質

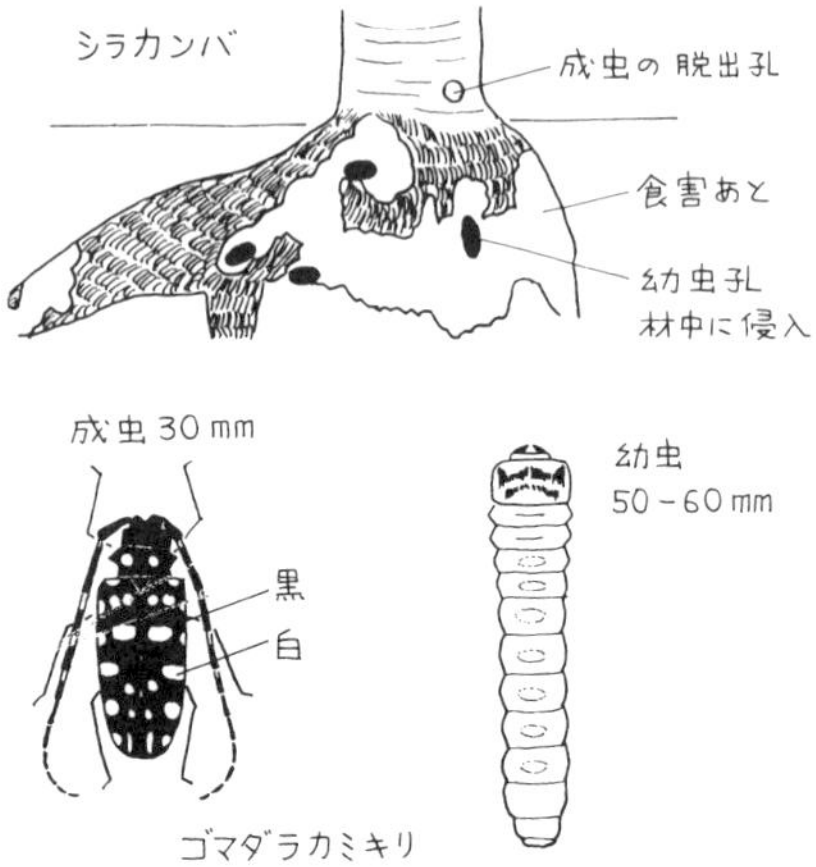

図68 ゴマダラカミキリと，その被害を受けたシラカンバの地下部

部はボロボロになっていた（図68）。「なんて、だらしない木だ。」私はその惨状をみて、思わずシラカンバをののしった。

　シラカンバはその優美な容姿ゆえに、一般の人々からはたいへん評判がよいのだが、材はもろく、腐りやすく、安物のみやげものにしかならない。同じカンバの仲間でも、ウダイカンバは、その強靭で腐りにくい材質のため、林業人からは高い評価を得ている。灰褐色の幹肌はちょっとさえないが、中身はすばらしい。それで林業人は、ウダイカンバのことをマカバと呼ぶ。本当のカバという意味だ。外観は華麗だが、中身の軽薄なシラカンバとは対照的である。

　美貌ゆえにあこがれていたシラカンバであったが、虫害や風害に弱い姿をみて、私の憧憬は幻滅から軽蔑に変わってしまった。しかし、あるとき、シラカンバの虫害標本を眺めていて、ふと疑問がわいてきた。なぜ、シラカンバは虫に害されやすく、材は腐りやすいのだろうか。

　シラカンバは、ヤマハンノキやヤシャブシの仲間と同じく、代表的な陽樹である。つまり、山火事跡地や土砂崩壊地のような荒れ地に真っ先に侵入・定着し、いち早く樹林を形成する樹種である。そして、年月が経過するとともに、比較的早く枯死し、落葉や枯れ枝や腐った根っこは、土に混ざって腐葉土となり、土壌を豊かにし、あとにつづく樹種、たとえばミズナラやブナのために、生きる基盤を準備する。それは、陽樹が自然界のなかで担っている任務ではないか。

こう考えると、速く成長し、虫にやられやすく、早く枯死し、腐りやすい、というシラカンバの性質は、じつは自然の摂理にかなった、すばらしい性質のように思えてきた。どうやら、私は、シラカンバに対してまちがった見方をしていたようだ。物事の本質を見きわめないで、単なる現象をとらえて価値判断するような軽薄な人間になっては、シラカンバに笑われる、と思った。

仙台や東京で、庭木のシラカンバが枯れるのは、ほとんどゴマダラカミキリの被害による。

4　ブナの森はきのこ天国

鬼首峠のブナ林

現役時代、私は、東北大学教育学部の開放講座にかかわった。一般社会人が対象で、教室での講義は週一回二時間、五回で修了証書が出る。この講座を数年つづけた。講義のテーマは毎年かえたが、すべてブナ問題に関連させた。ブナの森という幅広い問題を論じるには、自分の専門分野だけというわけにはいかない。いろんな分野からデータを集め、論理を構築し、受講者に聞いてもらった。本書で述べた私の「ブナ林観」は、この講義をとおして形成されていったものが多い。

室内講義とは別に、ブナの森を探訪する実習講座ももった。ある年の講座で、紅葉期に荒雄川の支流の一つ、軍沢《いくさざわ》の鬼首峠を訪ねた。峠は標高九八七メートル、ブナの森のなかにある。ここには、宮

図69 晩秋のブナの森（鬼首・黒滝あたり）

城県鳴子から秋田県雄勝《おがち》にいたる国道がとおっている。国道沿いは、二〇年ほど前からブナ伐採がはじまり、部分的に皆伐が行なわれ、跡地にスギが植えられている。ブナ林皆伐に対する批判が高まるにつれて、営林署は択伐にきりかえる。しかし、伐採は奥のほうへ進んでいく。

講座の目的はブナ伐採の現場を見ることだった。私たちは、峠からの林道を歩いた。軍沢は険しい渓谷で、沢のむこう側の斜面は人間が接近できず、ブナの原生林が広がっている。峰から沢へ落ちる急な尾根筋には、ゴヨウマツかクロベの針葉樹が一列になって並んでいる。ところどころに自然の崩壊地もある。このあたり、地質のもろいことがうかがえる。

山は寒気が入って時雨模様であったが、雲間から陽光が差すと、ブナの森は金褐色に輝いた。その華麗な色彩にみんな拍手喝采した。山の紅葉は、わずか数日で盛りを終える。

軍沢を登りつめたところに滝がある。黒滝と呼ばれている。滝の上は緩傾斜となり、みごとなブナの樹冠が波打っている。林道はその森へむかっている。営林署は本当にこの滝の上のブナを伐るつもりなのだろうか。このあたり保安林だそうで、「江合川流域のブナを守る会」では、伐採に対する異議申し立て書を提出したという。

きのこ天国

二時間ほど歩くと、林道は終点となり、その先で択伐が行なわれているようだった。林道沿いはすでに択伐が終わり、切り株、残り枝、立ち枯れ木などがあって、荒れた風景となっている。切り株や倒木には、いたるところにナラタケが発生している。これは、枯れ木を分解する強力なきのこだ。また、おいしい食用きのこだから、きのこ採りの格好のターゲットになっている。

「ナラタケがいっぱい出ているよ。みそ汁にいれると、おいしいよ。」

図 70 ブナの枯れ木に発生したツキヨタケ

仙台から来た人たちも大喜び。でも、「本当に食べられるの？ 先生」と私を信用しない人もいる。じつは、このあたり、枯れ木といわず倒木といわず、いたるところでツキヨタケが発生しているのだ。

「先生、シイタケがあるよ。」「それはツキヨタケ、二つに割ってみると、ほら、ここに黒いしみがあるでしょ。これは毒きのこだから、注意してください。」

沢に降りて、いっぱいナメコが出ている枯れ木を拾ってきた人がいる。林道を離れ、森のなかを歩く。強いきのこの香りがする。

ブナの倒木に、白いブナハリタケが一面に発生していた。これは、バターいためにするとおいしいという。

私は、ムキタケがいちばん好きだ。醤油に果実酒を加えて煮つけ、冷凍保存しておくと、一年中食べられる。ムキタケは傘の表面の皮がうすく剝げるから、こんな名がついた。紅葉観光も終わった晩秋が、ムキタケとナメコのシーズンとなる。きのこ採りの楽しみがなければ、東北に住むおもしろさは半減する。

枯れ木や倒木にはサルノコシカケ類のオツネンタケモドキがやたらに多い。大きなコフキサルノコシカケがみんなの目をひく。鬼首峠はきのこ天国だ。きのこ採りに夢中になって、よく遭難騒ぎをおこすところだ。どうしてこんなにきのこが多いのだろうか。

ウスキブナノミタケ

伐採されていないブナの原生林が見たいというので、鳴子町と花山村の境界にある一檜山《いっぴつやま》にいく。ここは、宮城県の自然環境保全地域となっており、二キロほどの遊歩道がある。なだらかな斜面部には、ブナ、ハリギリ、ミズナラ、アズサなどの高木が生え、沢筋にトチノキ、カツラ、サワグルミの大木がみられる。それは、東北地方の谷筋の原風景だ。樹齢二百年くらいのトチノキは、毎年実をいっぱいつける。シイタケのでる倒木もある。しかし、山全体としては、枯れ木や倒木が少なく、きのこの発生量も比較的少ない。

やや湿った暗い林床に、小さな、黄色い傘の、柄の長いきのこがあちこちに生えていた。もしや、ブナの実に寄生するウスキブナノミタケではないか。一本一本、注意深く掘りとる。やはり柄の先にブナのタネがついてくる。二〇本ほど採取する。研究室にもち帰って、きのこについている土と落葉を水のなかで洗う。結果、きのこの柄は、まちがいなくブナのタネから出ていた（図71）。

ブナの実に黄色のかわいいきのこが寄生することを知ったのは、印東・成田さんの『原色きのこ図鑑』であった。分布は九州と書いてあったが、ブナの本場である東北にないはずはない、なんとか見つけたいものだと前々から願っていた。だから今回、一檜山で発見したときは小躍りしたものだ。しかし、最近出た今関・他編『日本のきのこ』をしらべてみると、「日本と北アメリカ東部に分布」とそっけない書き方だ。日本のどこにでも分布するのだろうか。いささかがっかりした。

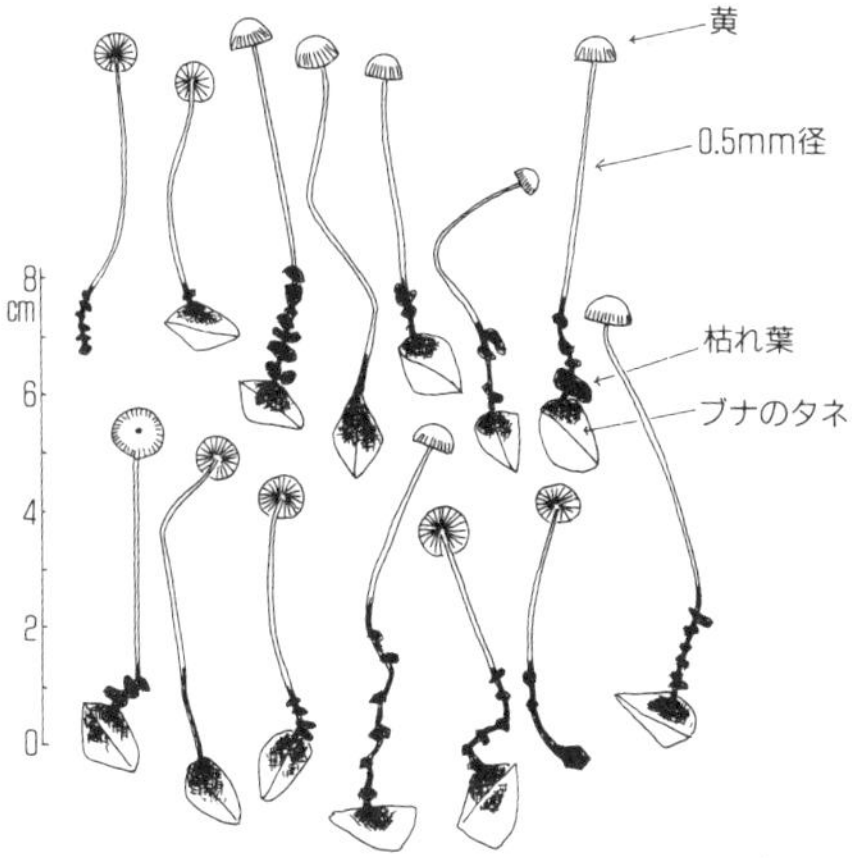

図71　ウスキブナノミタケ
（平成2年10月22日，宮城県一檜山にて採取）

鬼首峠のブナ林はきのこの宝庫として、秋ともなれば、きのこ採りがおおぜいやってくる。地元のプロをはじめ、仙台や山形あたりから観光かたがたマイカーでやってくるものまで、気軽に森のなかへ入って、結構、ビニール袋一杯採ってくる。一方、ブナ原生林の一檜山では、きのこの種類は多くても、採れる量は少ない。

鬼首峠のブナ林がきのこ天国となったのは、じつはここ二〇年来、ブナ林が皆伐、あるいは択伐されてきたからである。ブナ原生林を伐ることに対する拒否反応が全国的に広がっているが、伐ることによって生まれる幸もある。土砂崩壊を起こさないような場所では、ブナ林をうまく択伐しながら、森を若返らせ、木材生産性を向上させ、きのこの発生も促すことは、それなりの意義があるのではないかと思う。

木は寿命がくると、枯死する。枯れ木はカミキリムシ、キクイムシ、シロアリなどの昆虫によって細かく粉砕される。落枝や落葉は、ダニ、トビムシ、ミミズによってさらに細かく砕かれ、カビやバクテリアによって無機物に還元されていく。昆虫では歯がたたない木材のセルロースやリグニンは、カビのなかの子嚢菌や担子菌、つまりきのこによって分解されていく。そして、還元された無機物は木や草の栄養となって、再生産を可能とする。きのこは、森の分解者系列のなかの最終段階を担当している、森の掃除屋さんなのである。

きのこ採りをたのしみながら、森の生態系を勉強し、山の幸の利用のしかたも考える。そのなかから、ふるさとの森を守りたいという気持ちが湧いてくる。これが私の講座の狙いだ。そのために、できるだけ客観的・多面的に観察し、考察し、いろいろなデータを提供する。これが私の姿勢である。

〔文献〕14、15

5　松のこぶ病　―雑木林の生きもの―

松のたんこぶはサビ菌

私の好きな小説家、庄野潤三さんの作品「夕べの雲」に、次のような一節がある。

『安雄と正次郎の部屋に「松のたんこぶ」とみんなが呼んでいるものが三つある。それが小、中、大と三つある。小さい「松のたんこぶ」は、ここへ移って来てひとつきくらい経った頃、安雄が学校で友達から貰って来た。どうしてそういうことになったのか、分からないが、それは「松のたんこぶ」というのがいちばん似合っているようなものであった。』庄野さんの小説や随筆には、ほのぼのとしたユーモアを感じる。さらに自然観察がこまやかで、たのしい。

この松のたんこぶは、仙台の青葉山の雑木林でもたくさんみられる。原因はサビ菌の一種 Cronartium quercuum の寄生によっておこるが、菌の生活史はなかなか変わっている。こぶはサビ菌の病巣で、四—五月ころ、こぶの中に黄色い粉が吹き出してくる。これはサビ胞子と呼ばれるもので、風で飛散する。それがうまくコナラ（またはクヌギかミズナラ）の葉につくと、そこに病巣をつくり、夏胞子を形成する。ひどいものは、黄色の病斑で黄葉したようにみえる。初秋になると、葉の裏の病斑部分に黒っぽい毛のようなものができる。このなかに冬胞子が形成される。コナラの病葉は毛状物ができるので、毛サビ病と呼ばれている。冬胞子は小さな胞子をたくさん生産し、それは風で飛散して、今度はマツの若い枝につき、新しい病巣を形成する。これが次のこぶのはじまりとなる。

図 72 松のこぶ

このように、松のこぶ病菌は、アカマツとコナラのあいだを行ったり来たりして、生活している。アカマツもコナラも里山の雑木林を代表する樹木で、その両方の木がないと生きていけない松のこぶ病菌は、これまた、典型的な雑木林の生きものといえる。

雑木林には、また、アカマツの葉に寄生するサビ菌 Coleosporium asterum がみられる。これは、アカマツの葉とノギク類（ノコンギク、シラヤマギクなど）の葉のあいだを行ったり来たりしている菌である。ノコンギクやシラヤマギクは林縁の植物で、この葉サビ病菌も松のこぶ病菌と同じく、雑木林の生きものといえる。

サビ菌は、なぜ宿主交替するのか

二種の異なった植物のあいだを行ったり来たりして生活する、つまり専門用語でいう宿主交替をする生きものは、ほかにもいる。その典型的な例をアブラムシにみることができる。III章・9で考察したように、アブラムシの場合は宿主を交替する理由があった。では、サビ菌の場合はどんな理由が考えられるだろうか。

宿主交替するのは、サビ菌の通性である。しかし、一つの宿主から他の宿主へ移動するためには、大量の胞子を飛散させなければならない。それでも、次の宿に到着できるものは、ごくわずかしかいないだろう。それは、種族にとって大きなエネルギーの消耗である。それでもなお、宿主を交替するというのなら、そのメリットはかなり大きなものにちがいない。

宿主交替は、進化の進んだ生きものの生活法であるのはまちがいあるまい。では、サビ菌の仲間で、宿主交替をしない古いタイプの生活をしている菌がいないだろうか。文献をしらべてみたら、いた。アスナロの葉に寄生し、天狗巣病を引きおこすサビ菌 Caeoma deformans がそれである。その生活史は次のとおり。

春の三―四月、アスナロの病巣にできた黄色いサビ胞子は、六月ころまでに飛散し、近くのアスナロに到達する。しかし、葉に病変（異常な不定芽）が現われるのは、十月になってからである。不定芽が大きくなり、そこに病巣ができ、なかにサビ菌が熟してくるのは、なんと、翌々年の三―四月である。一世代の完了に二年もかかるのである。アスナロの抵抗が強くて、速く成長できないのか、それとも、菌自体がのんびり屋さんなのか。

針葉樹は、恐竜がのし歩いていた中世代に栄えた木である。一般に菌の寄生に対してきびしい。葉は厚いクチクラで武装し、侵入した菌に対しては、樹脂を分泌して戦う。一方、サビ菌は健康な植物に寄生する術をもった進化した菌群ではあるが、針葉樹に対しては、かなり苦戦をしていたのではないか、と思う。ともかく、あせらずあきらめず、ゆったり攻めるのが、針葉樹とのつきあい方である。

しかし、世の中は進んでいく。植物寄生菌の世界も例外ではない。サビ菌のなかに、もっとすみやかに種族の増殖をはかりたいというものが出てきて、いろいろ戦略を練っていた。松のこぶ病菌もそんなサビ菌の一つだった。松のこぶ病菌だって、胞子がアカマツの緑枝に定着して、大きなこぶになるまで、十数年もかかるのである。

新世代第三紀になって広葉樹が出現する。葉は軟らかで、栄養もつまっている。それに、菌の寄生をあまり気にしないおおらかさがある。そこで、松のこぶ病菌も、一時期、広葉樹へ移転して、種族増殖のスピード・アップを考えた。移転する宿主は、雑木林でも数の多いコナラを選んだ。その移転作戦は次のとおりだ。

松のこぶから出たサビ胞子は、コナラの葉につくとすぐ病巣をつくり、夏胞子を形成する。夏胞子

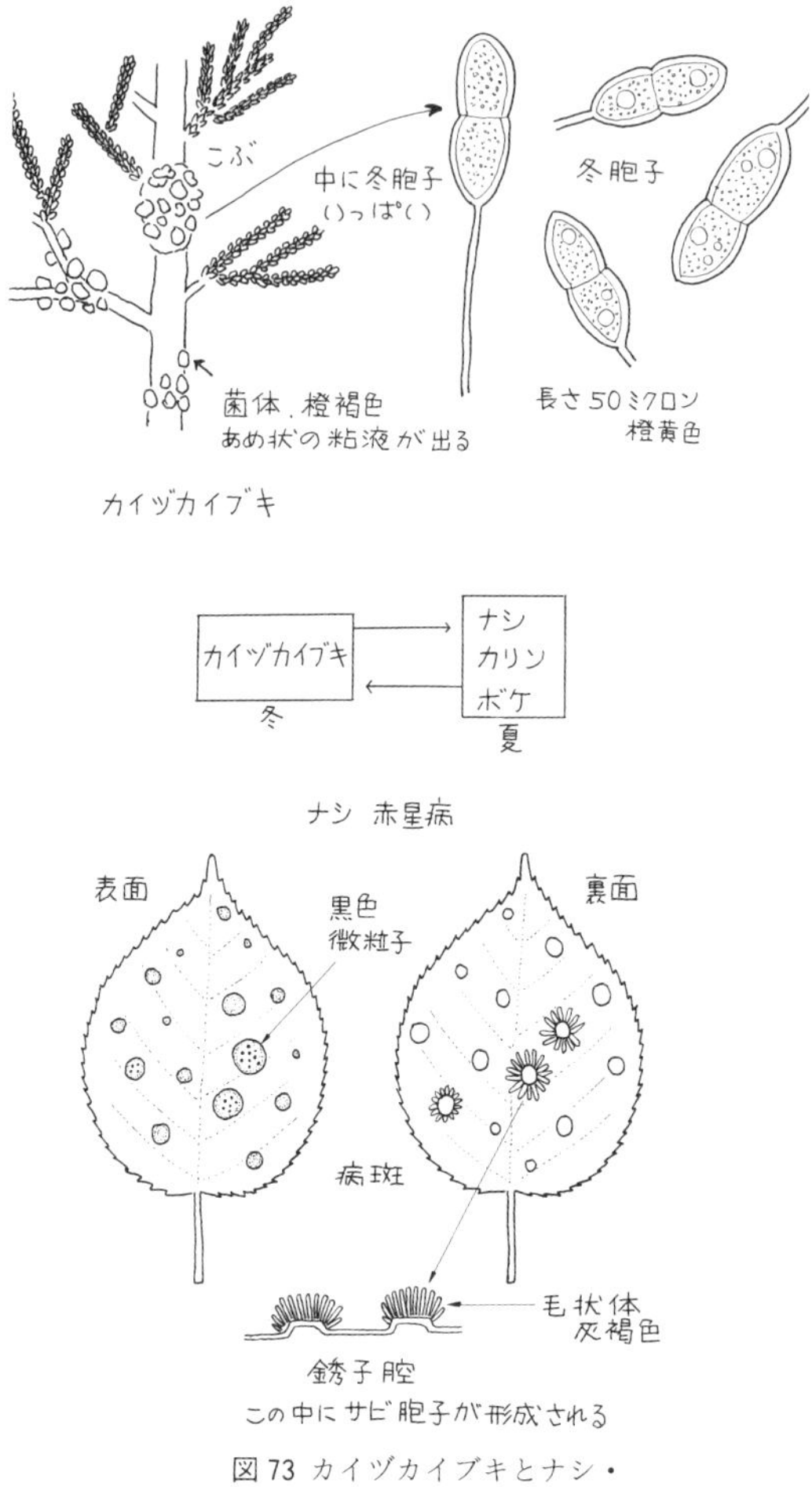

図 73 カイヅカイブキとナシ・ボケの間を往復するサビ菌

は、また近くのコナラに移動し、新しく夏胞子を形成する。このようにして、気温の高い夏のあいだ、夏胞子はコナラでどんどん仲間を増やしていく。夏胞子は増殖が任務で、そのため軟らかい細胞からできている。だから、寒さには弱い。そこで、秋になると、厚い細胞膜をもった冬胞子を形成する。それで冬を乗りきる作戦である。春がきて、気温が上がってくると、冬胞子にはもう一つの任務がある。アカマツへ帰還するための、軽くて小さい胞子（小生子）を生産することである。小生子は風に乗ってアカマツの枝に定着すると、そこにこぶ形成の足がかりをつくる。

このようなやり方で、ほとんどのサビ菌は針葉樹から広葉樹（竹、ササ類を含む）へ宿主交替するようになった。ナシの葉につく赤星病はナシの重要病害だが、それはカイズカイブキとナシのあいだを往復するサビ菌である（図73）。

しかし、なかには宿主交替をせず、広葉樹だけで生活するものも現われた。これらの菌は、広葉樹が居心地がいいものだから、針葉樹へ帰るのをやめてしまったのだ。ポプラの葉に寄生するサビ菌 *Melampsora larici-populina* は、カラマツとポプラのあいだを行き来する菌であるが、なかにはポプラの葉だけで生活している菌もいるらしい。

サビ菌の生活戦略をこのように考えてみると、動物のアブラムシの戦略とよく似ている。動物も、植物も、菌類も、生きていくためにやることは、みな同じだ。

（樹病学の本によると、松のこぶ病菌の場合、秋のうちに冬胞子から小生子が生じ、それが松へ飛散・定着するという。これは、サビ菌のやり方としてはふつうではない。小生子の発芽菌糸がマツの樹皮内に侵入してしまえば、越冬は可能となるからだろうか。とすれば、冬胞子には越冬という任務がなくなったわけだ。）

〔文献〕9、29

VI 森と水

1　ダムと森林伐採

ダムの水が濁る

平成三年、東北大学を定年退職し、仙台近くの七ケ浜町に移りすんだ。家から一〇分も歩くと海岸に出る。ふだんはハマシギやシロチドリが遊んでいる、静かな浜辺であるが、夏になると海水浴客で混雑する。ほとんどが仙台からくる都会人だ。タバコの吸い殻、ジュースの空缶、弁当の空殻が散乱して、マナーの悪さには辟易する。

この海岸では、もう一つ困ったことがおきている。砂浜がだんだん削られ、縮小していくのである。それを防ぐために、テトラポッドを並べたりしているが、景観的にも見苦しい。どうして砂浜が削られていくのだろうか。

昭和六十四年の夏、宮城県に集中豪雨があった。そのとき、鳴子ダムの水はしばらく濁りがつづいた。ダムから流れ出る水は、鳴子の中心部で中山平から流れてくる大谷川と合流する。大谷川の水は青く澄んでいるのに、ダムから出てくる水は黄色く濁っている。大谷川にはダムがない。その支流の一つ、大深沢の水は裏花淵のブナ原生林から流れ出てくる。山は急峻で、人も近づきにくい。水は汚れを知らず、夏でも豊かである。

一方、鳴子ダム上流の荒雄川は、鬼首盆地を大きく迂回しながら、数多くの支流を集め、ダムにそそぐ。流域には集落がつづいている。荒雄川はその字が示すように、もともとたいへんな荒れ川で、明治の昔からしばしば洪水をおこしている。流域の山の地質がもろく、崩壊しやすいことがうかがえる。ブナ林伐採が土砂を流しているという見方もある。

図 74 鳴子ダム

同じ年、仙台を流れる広瀬川も濁った。広瀬川には途中に大倉ダムがある。その源流域は、船形山の南西斜面に広がるブナの森だ。ここでもブナ林の伐採が続いているが、林道からの土砂流出が激しいという。その年の集中豪雨は、近年まれにみる激しいものであったが、それがきっかけとなって、その後はちょっとした雨でも、広瀬川は濁るようになった。長年ダムに堆積した土砂が攪拌され、微粒の土砂が浮遊しているためらしい。

川の上流で、どこか一か所でも山が崩壊し、土砂が流出すると、川の濁りの原因となる。土砂はやがて海へ流出し、砂は海岸に堆積し、砂浜を形成する。日本は火山国、山は急峻で崩壊しやすい。だからどこの川でも、昔からこんなことを繰り返しているのだ。やがて上流の崩壊地では、ヤナギやヤマハンノキなどの陽樹がいっせいに芽生え、土を抑えて次第に緑化され、またもとの森へと回復していく。

しかし、川の途中にダムができてからは、様子がかわった。粒子の大きい砂はダム底に堆積し、微粒子の土は浮遊して川の濁りの原因となる。微粒子は水とともに流れ去るが、粒子の大きい砂はダムに溜まるから、海岸の砂浜には砂が集まらなくなった。日本の海岸砂浜は、どこでも砂が削られ、縮小していく。

最近、ダムに対する批判がきびしい。では、ダムは不必要なものだろうか、存在意義のないものだろうか。

日本は、世界有数の雨の多い国である。しかし、雨は梅雨と台風のシーズンに集中的に降ってしまい、夏はからから天気となる。東北人にはわかりにくいが、関東から西の都市は、夏になると、また給水制限がはじまるのではないかと、いつもヒヤヒヤしている。だからダムを造って水を貯えておくのは、止むをえないことだ。

その点、東北はめぐまれている。なぜかというと、冬季、雪という形で雨が山に貯えられ、融雪期の四―五月は、大量の水が川に供給されるからだ（図75）。その東北でも、やはりダムは必要である。東北は日本の農業基地としての使命があり、用水を貯えるダムがいるからだ。

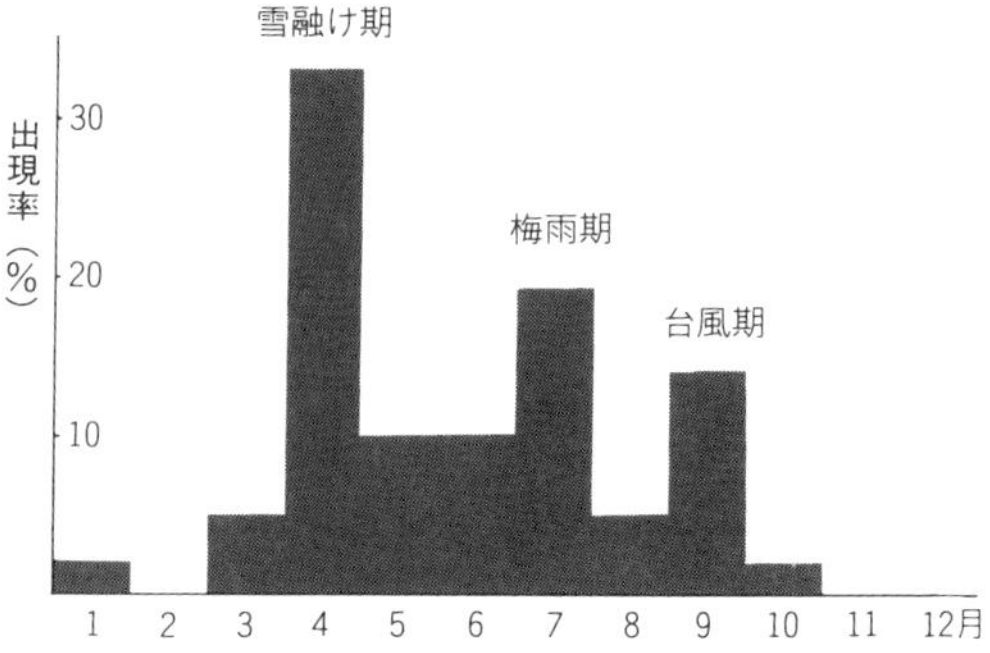

図75 21年間のデータからみた，鳴子ダムと花山ダムの年最大流水量の月別出現率 （岸原・石井，1983より作図）

河況係数　―川の安定度を示す―

ダムには、もう一つ重要な働きがある。洪水防止の働きである。昭和二十年代から三十年代にかけて、日本各地で山津波―洪水―が多発した。戦時中の山荒らしが原因と考えられている。そこで、昭和三十年代から山の砂防工事と川のダム造りが勢力的に行なわれた。結果、洪水はいちじるしく減少した。ダムは、防災の効果を発揮した。

それから約三〇年が経過した。ダムに関して、さまざまなデータが得られるようになった。そのなかで、われわれに興味を与えるのは、日本の河川の荒れ具合を示すデータである。治山とダム造成によって山は安定化の方向に進んでいるが、その一方で、奥山のブナの森の伐採が活発化する。それが川の荒れにどのように反映しているだろうか。

ダム上流の河川の安定度を示す言葉に、河況係数《かきようけいすう》というのがある。ダムに流入する一日の最大水量を最小水量で割ったものである。その係数が大きいほど、川は荒れていることを示す。大雨が降るとすぐ、どっと川の水が増える。反対に晴天がつづくと、からからになる。こんな川は係数が大きい。逆に係数が小さいほど、川は安定している。大雨が降っても森が吸収し、晴天がつづいても、森は貯めこんだ水を少しずつ流すからだ。

ここに、東北の主要ダムの夏季（六―十一月）の河況係数をしらべた報告がある。そのデータを大きい順に並べてみたら、図76のようになった。

係数のもっとも大きい高坂ダムは、山形県最上川水系の支流、真室川にそそぐ大沢川の上流にある。ダムの最源流は丁岳《ひのとだけ》の懐から出ている。このあたりの山域には、大きな林道がとおっているようでもないし、なぜ川が荒れるのか、その原因はよくわからない。もともと地質のもろい山なのだろうか。

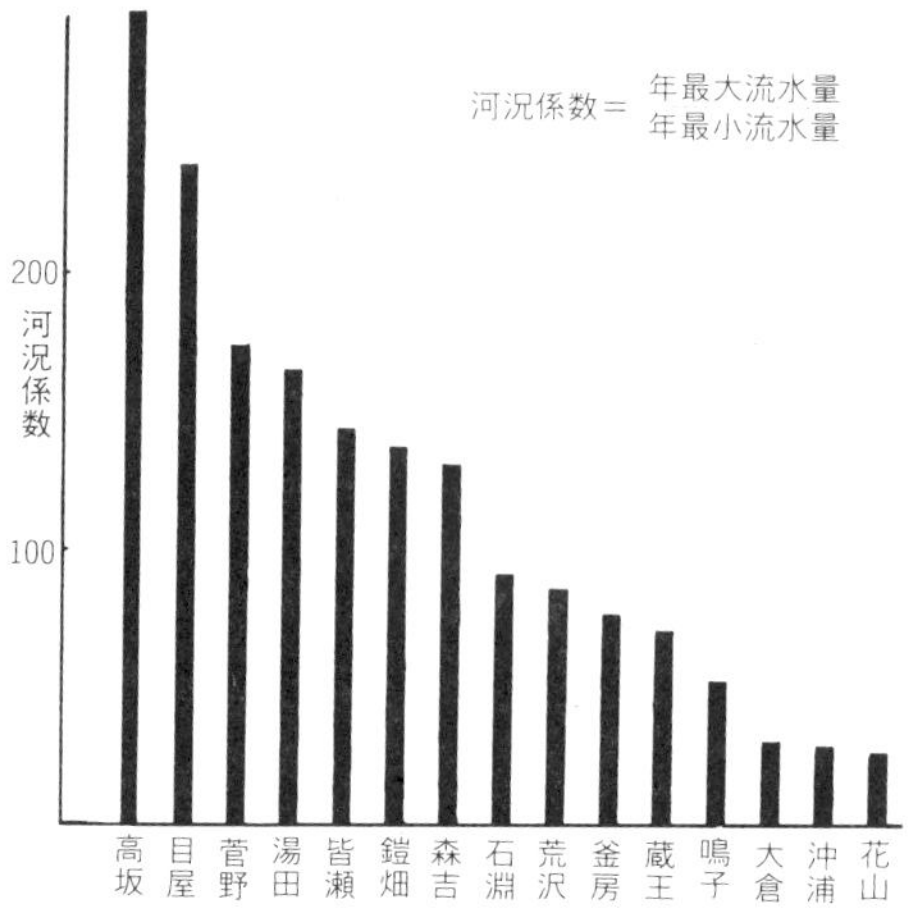

図 76 夏季（6月―11月）における，東北主要ダムの河況係数の順位。係数が大きいほど川は不安定であるといえる。　　　　（岸原・石井，1983 より作図）

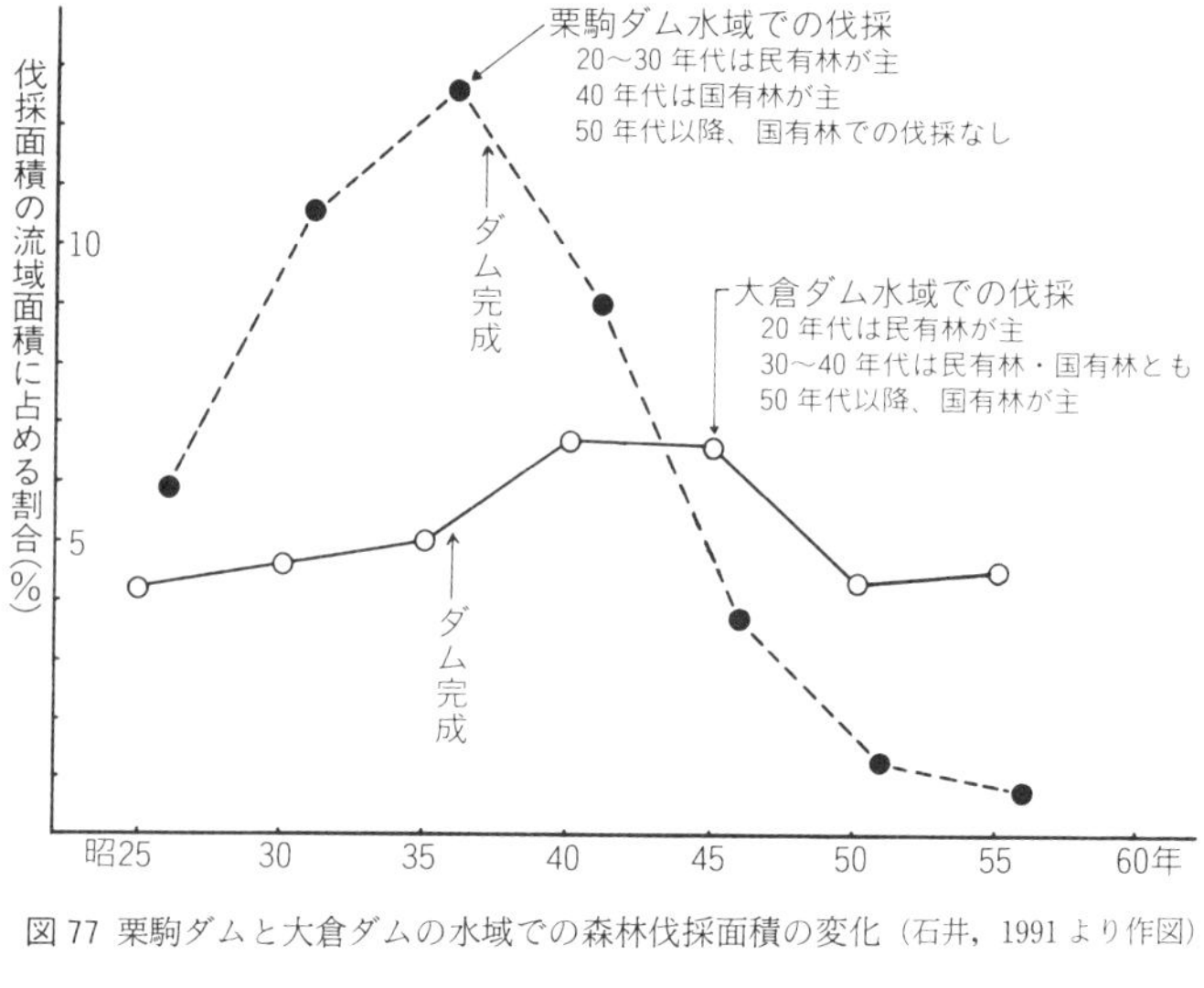

図 77 栗駒ダムと大倉ダムの水域での森林伐採面積の変化（石井，1991 より作図）

二番目の目屋ダムは、青森県岩木川の上流にある。その上流域は白神山地の一部分を構成し、ブナの本場ともいうべきところだが、川は荒れているようだ。原因は弘西林道にあるのではないかと思う。同じ岩木川水系の沖浦ダムが安定度第二位であるのは興味深い。

安定度第一位は宮城県の花山ダムだ。一迫《いちはさま》川水系にあり、ダムの上流は栗駒山の西南山麓域で、湯浜、湯の倉など、ランプの宿として知られる温泉がある。あたりはブナの樹海が広がっているが、最近、国道三九八号の開通にともない、伐採が過激になってきたところだ。データは昭和五十八年以前のものだから、その後はどうなっているか。これも関心事の一つである。

大倉ダムも安定度三位にあるが、上流のブナの森の伐採がつづいて、ダムの濁りを引きおこしている。本当に安定しているのか、やや不安が残る。

栗駒ダムと大倉ダムの比較

栗駒山麓の東南部分は、昭和二十二年から開拓が開始され、二十年代後半から三十年代にかけて、大面積の林地が畑地に転換された。そのことが原因となって洪水が多発、下流の栗駒、金成、若柳、石越などの町に多大の被害が出た。そこで、農地災害を防止する目的で、栗駒ダムが造られた。その結果、洪水は減少した。ダムは、洪水防止にそれなりの効果を発揮していることがわかる。

栗駒ダム水域での森林伐採面積を、大倉ダム水域のそれと比較してみると、図77のとおりである。栗駒での異常な伐採が示されている。伐採の主力は、二十年代と三十年代は民有林であり、四十年代は国有林である。民有林の伐採は、農地造成のためのものである。国有林は、通常の木材生産のための伐採だったと思うが、五十年代は伐採をゼロにしている。大面積のブナの森が農地に変わってしまった現在、これ以上、森林を伐採してはいけない、という判断があったのだろう。にもかかわらず、最近になって、世界谷地《せかいやち》の上のブナ原生林を伐採する計画があるというのは解せない。

大倉ダム水域での森林伐採は、二十年代は民有林、三十—四十年代は民有林・国有林とも、五十年代は国有林が主力になっている。これらはいずれも、木材生産のための伐採で、国有林は奥山のブナ林を伐ってる。

ダムに流入する一日の水量を、低水量（一日あたり一ミリ以下）、平水量（一日あたり一—五ミリ）、高水量（一日あたり五ミリ以上）の三段階に区分し、年間の出現率を図示したものが図78に示されている。栗駒のほうが高水量の出現率が高く、しかも変動が激しい。栗駒ダム水系は依然として荒れていることがわかる。

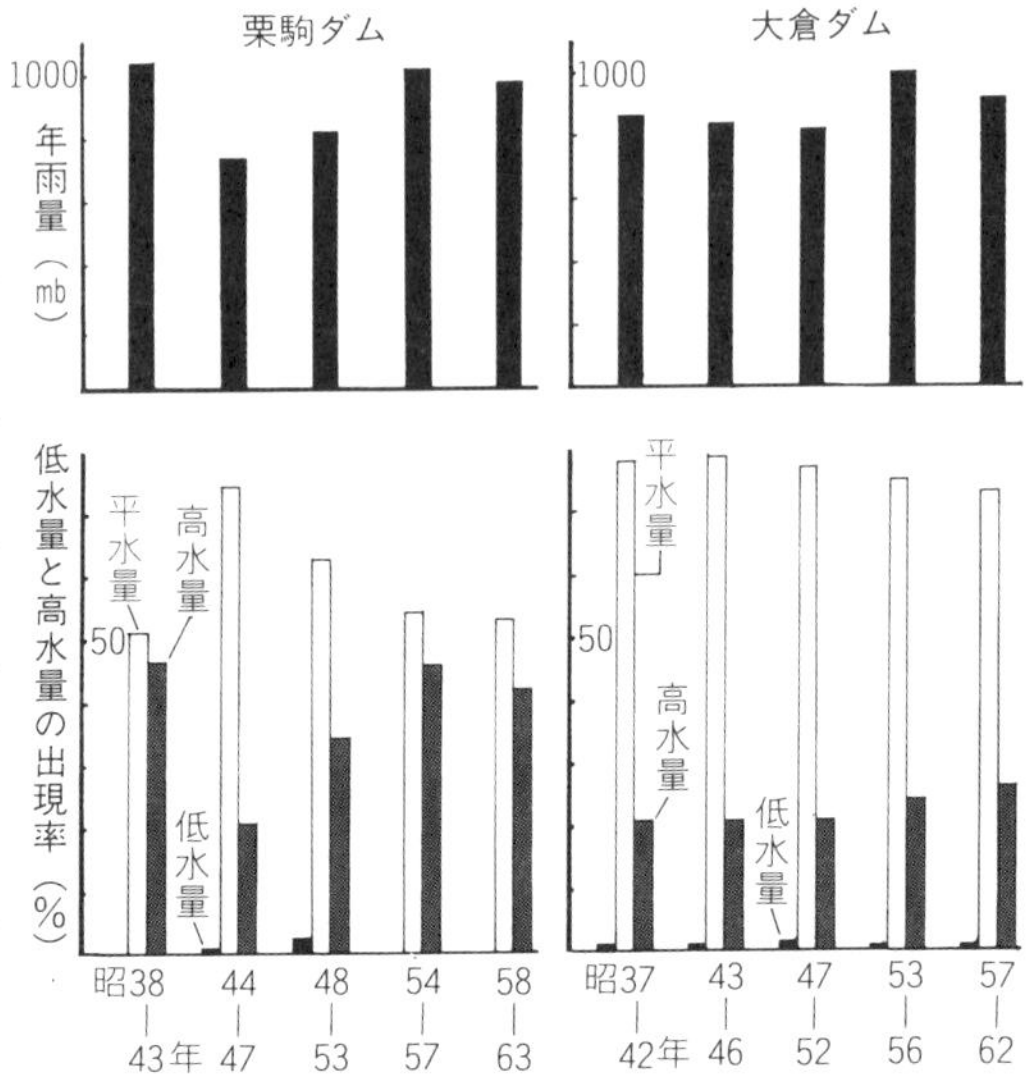

図78　栗駒ダムと大倉ダムの低流水量と高流水量の出現率比較　（石井，1991より作図）

平成四年七月、私はたまたま、栗駒ダムのそばをとおったが、水が黄褐色に濁っていたのには驚いた。森をつぶして畑にしてしまったところは、いつまでたっても、水を保全する力がないのだろう。大倉ダム水系については、安定しているとはいえ、現に水の濁りを引きおこしている。今後のデータの監視が必要だろう。

水を貯える三本柱

ダムは造った時点から悪くなる。土砂が流れこんで沈積していくからだ。そして水質汚濁の原因となり、川の生態系を破壊し、海岸の砂浜を崩していく。水の貯えをダムだけに頼るのは危険だ。ではどうすればよいのか。やるべきことが二つある。

図 79　ブナ林伐採跡のスギ植林地（鬼首峠にて）

一つは、人工のダムの上流に、自然のダム、つまり緑のダムを育成すること。よく知られているように、森林は水を貯える働きがある。なかでもブナの森はその働きがとくに優れている。だから、河川の源流地帯に広がっているブナの森を、これ以上伐らないで、保護すること。また、すでに伐ってスギなどの針葉樹を植林してあるところは、へたに下刈りなどせず、スギのあいだに自然に生えてくる広葉樹を大切に育てて、スギと広葉樹の混交林にすること。そして、将来はブナの自然林に近い形に導いていくこと。これは、国の林業政策に対する要望である。

もう一つは、人工ダムの下流に、水田地帯を維持することと。現在、日本全国で造られている水田の貯水力は、約五十億トン、それは人工ダムの二倍にもなるという。多雨国日本の水を守ってきた三本柱は、川の中流の人工ダム、上流の緑のダム、そして下流の水田なのである。

〔文献〕32、62

2 川は汚れる、なぜ？

森の学校

仙台でユニークな美術教育活動をしておられるSさんが、小さな子供たちをおおぜい引きつれて、森の探険に来られた。私は、大学の森のなかでもいちばん奥のもっとも自然らしい姿をしているハンノキ・ハルニレの森へ案内した。

ハンノキの森のなかを幅二メートルほどの小川（田代川）が蛇行している。小さな淵にはイワナの影が走る。森に入るにはその川を渡らなければならない。橋がないから、技官のY君が川岸に生えているヤチダモの木を伐って、丸太橋をつくる。その作業が、子供たちにはひどくおもしろかったようで、Y君は「ローラのお父さんみたい」と、子供たちの人気を集めてしまった（NHKテレビ「大草原の小さな家」）。

紫色のきれいな花をつけたトリカブトの草むらをとおり、トチノキやハルニレの森のなかをどんどん進むと、ブナの山となり、そこに泉が湧いている。泉から出た水は、小さな流れとなって田代川に合流し、田代川はやや深い渓流となって荒雄川に合流して鳴子ダムに入る。この泉は、荒雄川の支流の水源の一つなのである。

フキの葉でコップをつくって、子供たちに泉の水を飲ませる。味がないけど、おいしい、という。そして、質問。「森のなかには、枯れ葉や土がいっぱいあるのに、森の水はどうしてこんなにきれいなの？」都会では、土や枯れ葉は汚ないものという認識だ。

そこで私は説明する。「森の枯れ葉や土は、本当はきれいなもの、山に降った雨は、枯れ葉や土のなかをとおって、濾過され、きれいな水になって、出てくる。それが、この泉だ。わかったかな。」

すると、一人の男の子がいった。「森はでっかい浄化槽だ。」

図80　ハンノキの林のなかを小川が流れる（鳴子町，学術の森にて）

ブナの森は巨大な浄化槽

森は豊かな水を供給する。その供給源は、いうまでもなく森に降る雨である。その雨水にはさまざまな物質が溶けている。しかし、森のなかをとおって流れ出た渓流の水は、きわめて清浄となる。硝酸、亜硝酸、アンモニア、リン酸などの無機物も、そして、有機態の窒素やリンもほとんど含まれていない。森はまさに、巨大な浄化装置なのである。雨のなかに含まれているさまざまな物質を、森は自己の成長のために利用してしまうのである。しかし、森のなかには各種のミネラルが存在する。だから、森から出てきた水は、有機物などの汚れものは少ないが、ミネラルはある程度含まれている。つまりミネラル・ウォーターというわけだ。これは、動物にとっては最高の飲み水となる(図81)。

渓流の水には有機栄養物が少ないから、すんでいる昆虫・動物は少ないかというと、そうでもない。東北地方の森林帯を流れる渓流には、昔から、イワナ、ヤマメなどの魚が多い。渓流釣りがブームとなる以前は、鬼首でも一五—二〇センチくらいのイワナが手づかみできる沢はざらにあった。

では、これらの渓流魚はなにを餌としているのだろうか。それは、カゲロウ、カワゲラ、トビケラなどの、

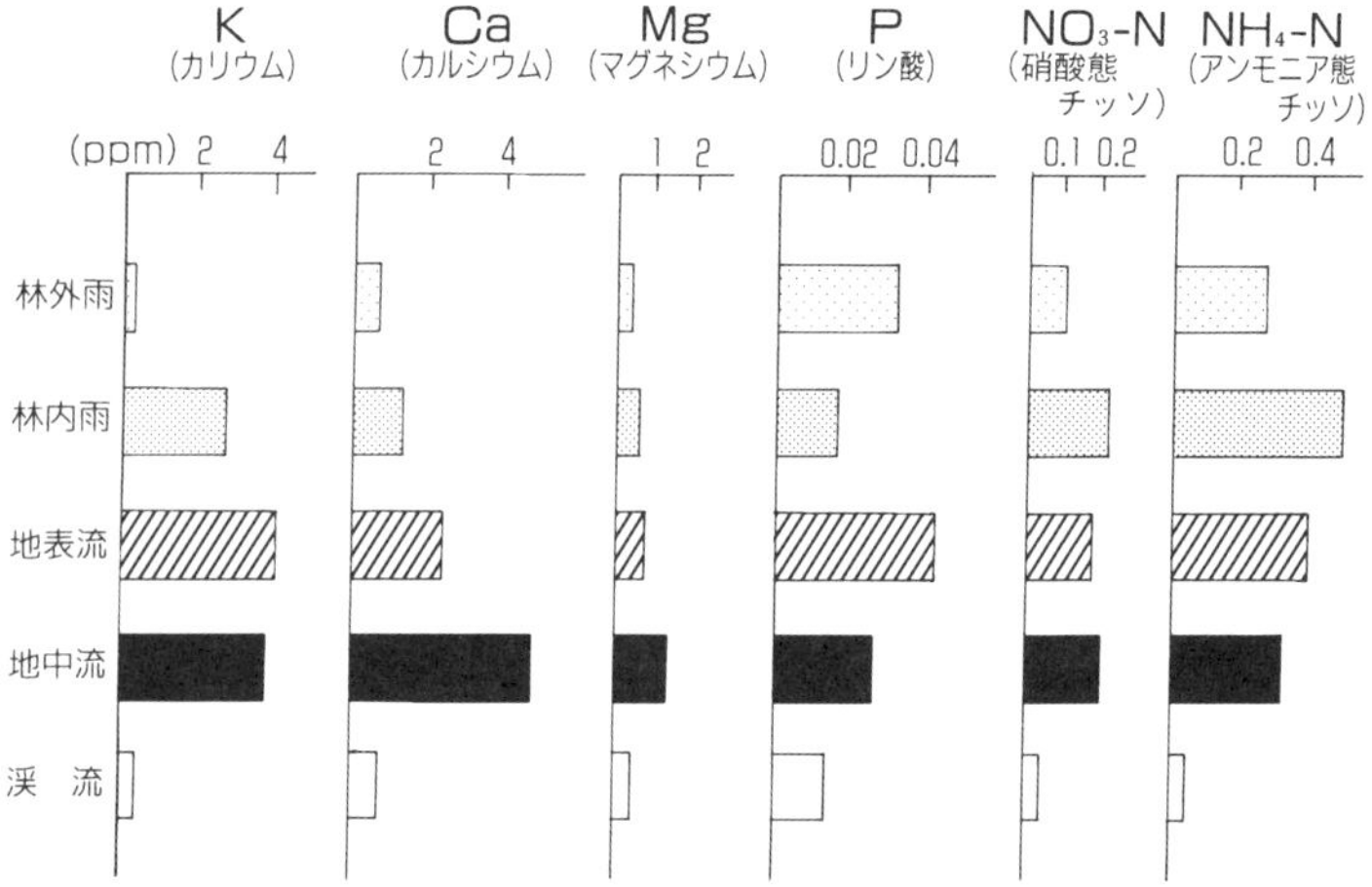

図81 森を通過する雨水の含有無機成分の濃度変化 (岩坪五郎他, 1968より改図)

いわゆる川虫である。では、川虫はなにを餌として生きているのだろうか。

トワダカワゲラの谷

日本特産の原始的な種。成虫（体長一四―二〇ミリ）には羽がない。幼虫は、水温の低い渓流の、石の下や落葉のあいだに生息する。標高五〇〇―二〇〇〇メートルの範囲で発見されているが、日本アルプスでの主産地は一〇〇〇メートル以上、夏季の水温が摂氏五―一三度の渓流であるという。

この珍しいトワダカワゲラが鳴子にもいるというので、調査に出かけた。鳴子町との境、花山村側にある一檜山、ブナの原生林の中から湧き出す小さな流れのなか、水中で茶色くなったトチノキの葉の裏に、小さな黒っぽい虫がついていた。トチの葉は葉肉が食べられ、葉脈だけが網目状にすけすけになっている。

図82 川の源流はブナの森のなか

「これがトワダカワゲラ?」「そう、腹部第九節にえらがついているでしょう。これが特徴」A先生の答えは明快だった。「トワダカワゲラがいるのは、この渓流が汚れていない証拠。しかも、ここは標高五〇〇メートルぐらいだから、分布的にも貴重です。」

川原で昼飯にする。A先生の友人のB

さんは渓流釣りの名手、いまは川虫そっくりの擬似餌を使って、魚とのだましあいをたのしんでいる。かれは懐から小さな箱をとり出した。さまざまな作品が納められていた。カゲロウ、カワゲラ、トビケラなど、いわゆる川虫スタイルが多いが、なかに緑色のいもむし状のものもあった。これはブナの葉を食べるブナアオシャチホコの幼虫だろうか。思わず「これ、ほしい！」といってしまった。

カゲロウ、カワゲラ、トビケラ

魚の餌となる川虫はさまざまいるが、その主なものは、カゲロウ、カワゲラ、トビケラであるという。

カゲロウの幼虫は、一般に水底の石の表面についている細かい藻類を食べるが、なかには植物の遺体を食べるものもいる。成虫は春から夏にかけて羽化する。

カワゲラの幼虫は、カゲロウに似ているが、えら（糸状）が胸部についていること、尾毛が二本あること、脚の爪が二本あること、で区別できる(図83)。一般に山間の渓流に多く、カワゲラのすむ川は汚れが少ないといわれている。生活の仕方はカゲロウに似ているが、幼虫は石礫底や砂底を歩きまわる。大型の種はカゲロウなどの幼虫を食べる（肉食）が、中・小型種は川底に付着する藻類や流れ葉を食べるものが多い。成虫もカゲロウに似るが、あまり飛翔せず、むしろよく歩く。多くの種は春から夏にかけて羽化するが、セッケイカワゲラは、春先に羽化し、翅がなくて、雪の上を歩きまわる。雪虫と呼ばれている。

トビケラは、系統的には鱗翅目に近く、幼虫はいもむし型をしている。エグリトビケラなどは、ミノムシのように筒状の巣を背負って水底を歩き、底に溜まっている落葉を食べる。植物遺体を細かく粉砕するので、河川生態系のシュレッダーとも呼ばれている。岩の表面やあいだに網を張って、流れてくる細かい有機物を食べるシマトビケラやヒゲナガカワトビケラなどの仲間は、造網性トビケラと呼ばれている。これらは有機物のコレクターである。このようにトビケラの多くは植物遺体の分解者であるが、水底の礫のあいだを歩きまわるナガレトビケラのように、生きた水生昆虫を捕食するものもいる。トビケラの成虫は蛾に似て、森の水辺を群飛する。

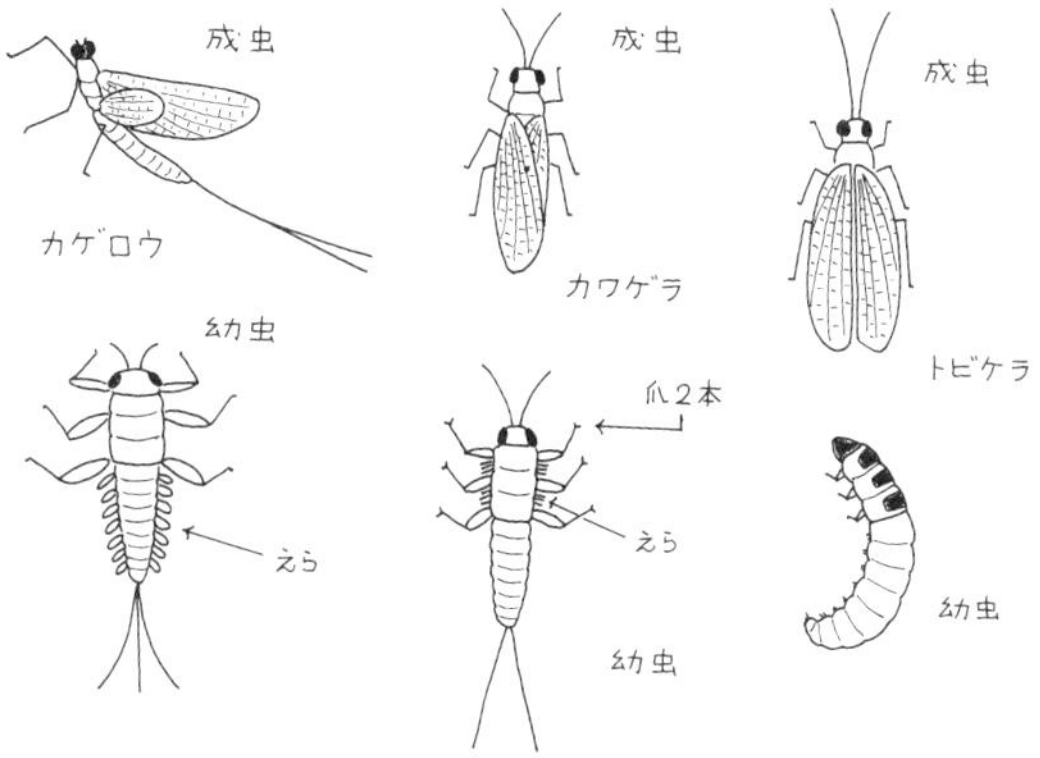

図83 川虫の模式図

このように、森の渓流には多種類の川虫が生息している。川虫たちの餌はさまざまであるが、その餌の源をたどっていくと、森の木々から落ちてくる落葉に到達する。つまり、川に落ちた木の葉が川虫の餌となり、川虫はイワナの餌となり、イワナは哺乳動物の餌となる、というぐあいである。

渓流のなかの川虫は、魚たちの餌として、魚たちの生活をささえているわけだが、別の見方をすると、渓流に落下した木の葉を粉砕し、収集し、きれいに分解して、渓流の浄化に貢献しているのである。渓流生態系のなかの掃除屋なのである。

アミメカゲロウの大発生

昭和五十三年九月、福島市内の阿武隈川でアミメカゲロウ(オオシロカゲロウ)が大発生し、自動車の通行を混乱させた。このアミメカゲロウは、枯れた藻や流れ藻など、植物遺体を食べるという。つまり川のなかの掃除屋さんなのだ。だから、きれいな川では植物の遺体が少なく、アミメカゲロウはそんなに多くは発生しない。

ところが昭和五十年代になって、阿武隈川の周辺に人家が建ち並び、生活排水が川に流れこむようになった。生活が豊かになって、排水のなかにも食べ残しの有機物が大量に含まれるようになった。

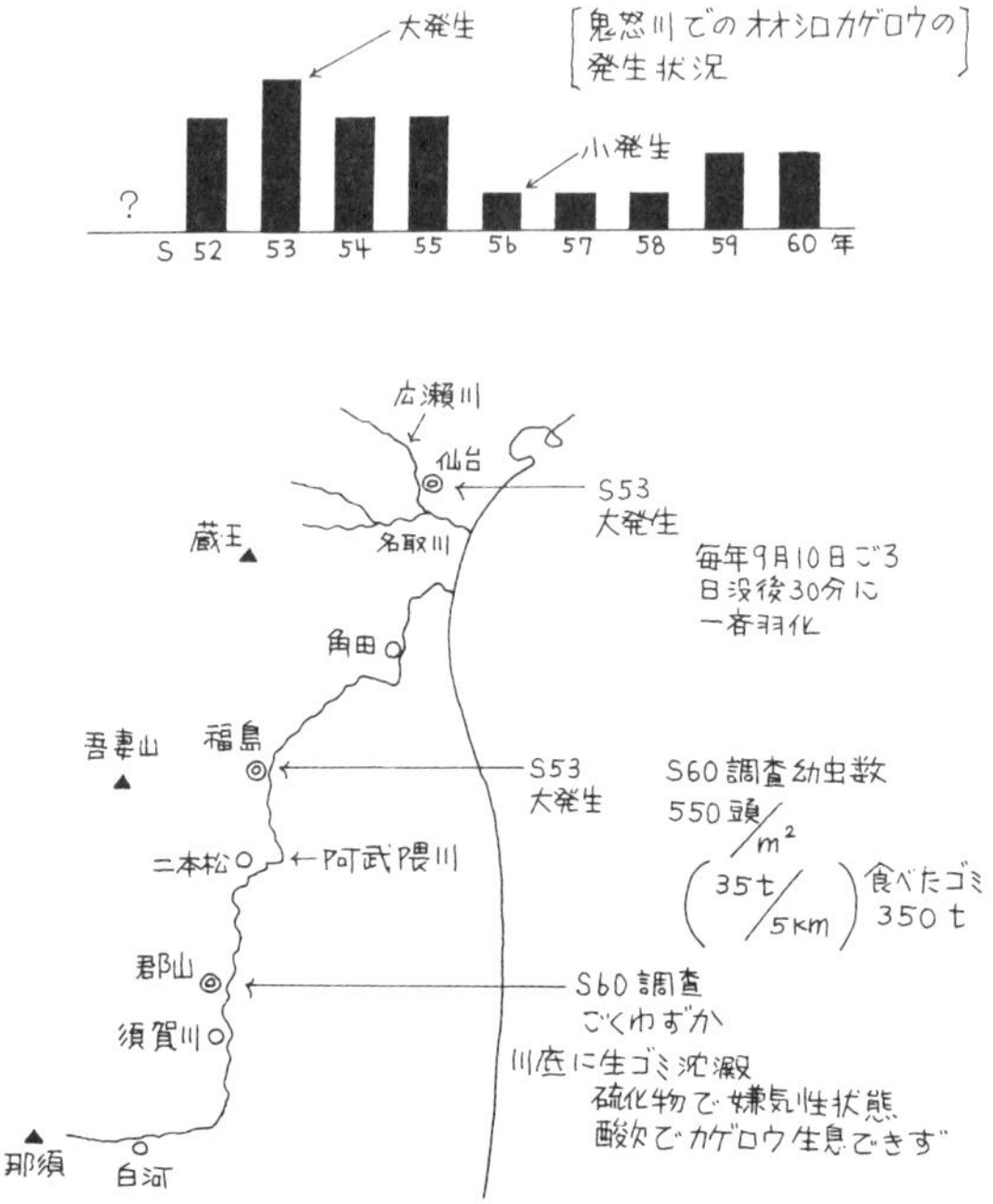

図84 阿武隈川の汚染とアミメカゲロウ（オオシロカゲロウ）の大発生（塩山，1987より作図）上は，鬼怒川でのアミメカゲロウの発生状況

それがアミメカゲロウの餌となって、大発生するようになったというわけである。アミメカゲロウの大発生は、川が汚れてきたことを示す警戒警報なのである。同じころ、仙台の広瀬川でもアミメカゲロウの大発生が起きている（図84）。

川は汚れる、なぜ?

森から出たきれいな水は、山を下り、平野をゆったりと流れ、都会に近づくにしたがって、有機物や無機物が増えてゆく。たとえば、川沿いに牧場があれば、糞や堆肥から出る有機物が、畑や水田があれば化学肥料からの無機物が、人家があれば生活排水としての有機物が、川に流れこみ、川を富栄養化していく。

これらは、栄養塩類といわれるように、本来は植物や動物にとっては成長を促進する栄養なのである。それが川に入ると、なぜ悪となるのか。

無機肥料は、植物性プランクトンや藻類を繁茂させる。そのこと自体は悪ではないが、プランクトンや藻が枯死したとき、それを分解するために大量のバクテリアが活躍する。そのとき、大量の酸素を消費し、水中は酸欠状態となる。一方で、大発生したバクテリアの死骸は、「のろ」という形で川に沈澱し、川を汚す原因になる。

川に流入した有機物は、それが餌となって魚や昆虫の大増殖を引きおこす。動物は呼吸という形で水中の酸素を消費する。そして、大量に増えた魚や昆虫が死んだとき、それを分解するために、また大量のバクテリアが活躍する。そして、川の酸欠を引きおこす。酸素欠乏は川の生物を大量死させる結果となる。また、酸欠で有機物の分解が不完全となり、メタンガスを発生し、ヘドロを形成す

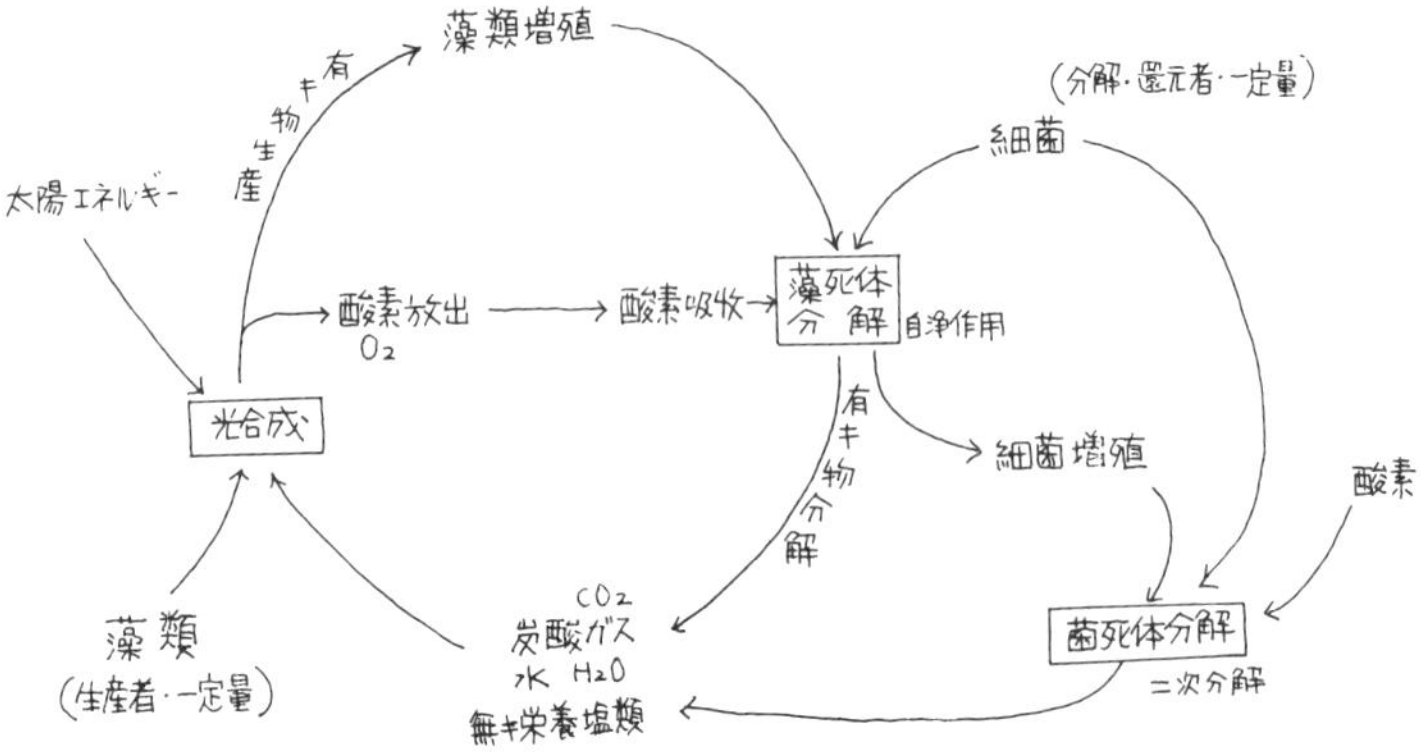

図 85 河川生態系における有機物の生産と分解
サイクルは支障なく回転する。

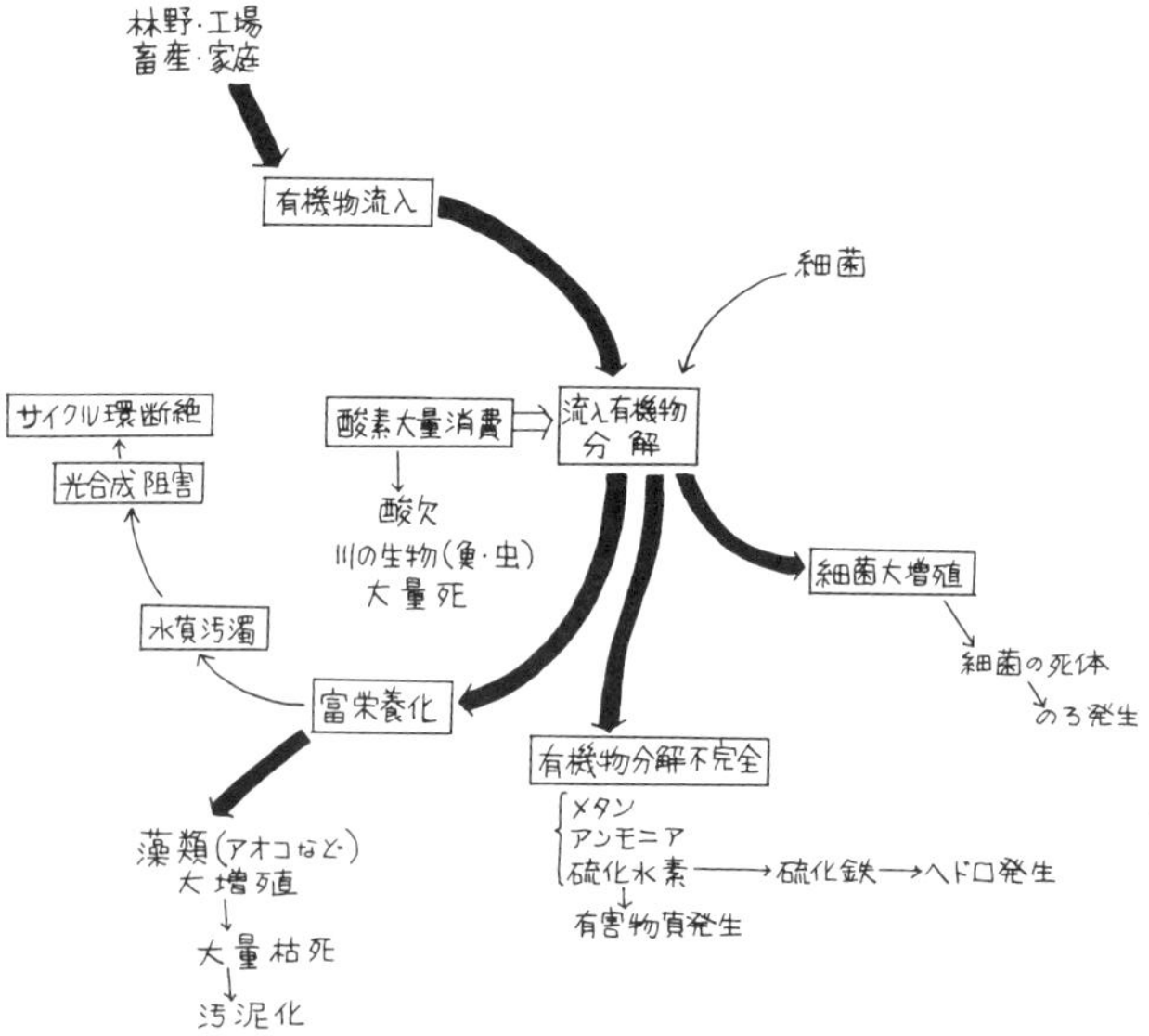

図 86 有機物の流入による河川生態系の分解サイクルの攪乱
サイクルは正常に作動しなくなる。

る（図85、86）。

本来、生物にとって栄養であるはずの無機肥料や有機栄養物が、川や湖沼に入って有害になるのは、分解に必要な酸素が、水のなかには少量しか含まれていないからである。しかも、川や湖の水中の酸素は大気中の酸素との交流がスムースにいかないらしい。だから、川と湖沼の生態系は、もともと水に含まれている酸素量にみあった生物量（有機物）しか生きていけないしくみになっている、と私は思う。これが、河川生態系と陸上生態系との決定的なちがいである。森のなかでは、有機物をいくら投入しても、微生物がすぐ分解してしまう。酸素がいくらでも補給できるからである。

河川でも、森林地帯の渓流は、一般に流れが速く、滝あり、淵あり、瀬ありで、水中への酸素供給も比較的スムースにできる。平野の川や湖沼の生態系は、森の生態系にくらべると、はなはだデリケートで脆弱だ、といわざるをえない。

図 87 貯水三本柱の一つ，山すそに広がる水田
（鳴子町，川渡地区にて）

水田の働き

水田は、平野の河川生態系のなかで、やや特異な動きをしているらしい。あるデータによると、森から出てきた川の水は、牧場や草原地帯を通過すると有機物

が増えるが、水田のなかを通過すると有機物の量が減るのである。つまり水田は、有機物を分解する能力が高いらしいのである。水田の水が暖かくて、バクテリアが活動しやすいこと、水生植物のイネがバクテリアの生息場所になること、水が浅くて大気中の酸素との交流がうまくできること、などに原因がありそうだ。うまく管理すれば、水田は、平野の河川生態系のなかで、水質の浄化装置となれる可能性がある。

水田は、コメという有機物を大量に生産するわけだが、それは収穫という人間の作業によって水系から除去されてしまう。だから川を汚染する原因にはならない。ただ一つ、水田地帯を通過した水には、かなりの無機栄養物が含まれている。これが川に流入すると、川藻の繁殖を引きおこす。水田が環境汚染の原因の一つといわれないためにも、施肥のコントロールが重要である。

水の汚れを防ぐ三原則

一つ、　川を汚さない。原則として、川には、無機物も有機物も、一切流してはいけない。

一つ、　汚した水は、汚したものが浄化して、川にもどす。上流の森から、きれいな水を流しているのだから、使った者は、もとの水にもどすのが義務。

一つ、　根本的なことは、きれいな水を生産する森を破壊しないこと。

〔文献〕17、44、49、60

あとがき　―アマチュア森林学のすすめ―

私は、もともとは森林昆虫学という学問分野を専攻する研究者であった。森林昆虫学というのは、樹木に害を与える昆虫の生活をしらべ、害虫から樹木をどのように守るか、を研究する学問なのである。つまり、樹の医学、というわけだ。だから私はいつも、樹木の気持ちになって害虫防除を考えている。

樹木に大きな害を与える昆虫は、数多くの昆虫のなかのごく一部にすぎない。研究対象となる昆虫の種類も、特殊な一群にかぎられてくる。だから、昆虫一般のこととなると、私の知識もアマチュアの域を脱しない。研究の目標は昆虫学そのものではなく、最終目標は樹木の健康なのである。

しかし、個々の樹木の健康は、生活の場である森林社会が健康でなければ維持できない。森の生態系が健康的に機能していることが必要なのである。樹の医者は、害虫だけを研究していては任務を果たせない。そのことに気づいて、私の関心は、森の生態系のすべての構成要員にむけられていく。そこに、どんなルールが働いているかを探ろうとする。害虫だけでなく、森のなかに生息している、さまざまな昆虫をしらべる。しかし、それだけでは満足できない。昆虫を食べる野鳥をしらべる。哺乳動物もしらべる。だんだん専門分野からはみ出してくる。しかし、満足できない。樹木をアタックしてくるカビや細菌もしらべる。これは樹病学の分野だ。もう完全に私の専門外だ。しかし、まだ不充分だ。第一、昆虫や動物の餌である樹木や野草についても、それなりの知識がいる。枯れ木を分解するきのこにだって、無知では困る。最近はとうとう、水のことまで考えるようになった。森というのは、巨大な生物社会、一つの生態系、だからそのなかには、さまざまな研究分野があり、それぞれの専門家がいる。樹木の専門家、野草の専門家、きのこの専門家、蝶の専門家、蛾の専門家、甲虫の専門家、土壌動物の専門家、病原菌の専門家、さらに育林の専門家、土壌の専門家、水の専門家、水生昆虫の専門家、防災の専門家など、数えればきりがない。さらに、国有林の独立採算制を論じるには、森林経営学や林業政策学など、社会科学系の知識もいる。森に関する学問には、こんなに数多くの専門分野があり、専門家がいる。しかし、どの専門家も自分の専門分野を離れると、もう一人のアマチュアとかわらない。つまり、「森」の専門家というものは存在しないのである。

私の専門は森林昆虫学、しかし私は昆虫の専門家をめざしたのではなく、森林の専門家をめざしたのだ。だがそれは、無謀な試みだった。たとえば、森林に関する研究者集団に日本林学会があり、研究発表誌として、日本林学会誌がある。さまざまな分野の研究が報告されている。しかし最近は、各分野とも高度に専門化して、林学会員の私ですら、自分の専門分野以外の論文は、読んでも理解することさえむずかしくなってきた。これでは、森の専門家になるのは、もう不可能なことだ。

私は、森の専門家になることをあきらめ、森のアマチュアになることにした。アマチュアなら、気楽にものがいえる。大学は定年でやめてしまったから、周囲の評価は気にすることもない。こう割りきると、森の研究はとてもたのしいものになった。そしてできたのがこの本である。それぞれの分野の専門家が読んだら、怒るかもしれない。馬鹿らしくて、笑うかもしれない。それで結構。しかし笑う専門家とて、どれほど正しい森林観をもっているだろうか、疑問だ。森という宇宙を理解するには、すべての分野について、自分なりの見方をもたなければ、自分の森林観は構築できない。

専門家たちには、自分の専門分野を飛び越えて森全部を研究するような人は、おそらく一人もいないだろう。それは不可能なことだ。とすると、森という宇宙を勝手気ままに研究できるのは、アマチュアしかいない。森林はアマチュアが研究できる数少ない分野なのだ。

そこでみんなにすすめたい。森の研究をはじめることを。対象はなんでもよい。好きなところからはじめるとよい。そして、観察したこと、考えたこと、おもしろいアイデア、なんでも発表すること。アマチュアの言葉で、となりの別のことを研究しているアマチュアにもわかる言葉で。そうすると、みんな森の全体像がみえてくる。そうすれば、森のせまい分野しか知らない専門家よりは、よほど森のことがわかってくる。森のことは森の専門家に聞け、という。しかし、森の専門家に聞いても、すっきりした答えはかえってこないだろう。当然だ。森の専門家なんていないからだ。みんな、森のある部分の専門家にすぎないからだ。

この本は、アマチュア森林学のすすめである。みんなで、森林を研究しよう、というすすめである。研究の対象としては、ブナを主とする落葉広葉樹林をとりあげた。それはたまたま、私が現在、ブナの森を研究していて、ある程度データを提示することができるからだ。しかし、ブナにはもう一つ重要な要素がある。地球環境を考えるうえで、さまざまな問題をかかえているからである。

ブナに関する論文や単行本は、すでにかなりの数にのぼっている。いまさらブナの本でもあるまい、と私自身思う。一般の方々が、ブナに関するデータや資料を得たい、と思うなら、それに応えてくれる本はかなりあるだろう。たとえば最近、専門的立場から出版された『ブナ林の自然環境と保全』（村井　宏・他）という本は、ブナ林を科学的に勉強したい人にとっては、多くのデータを提供してくれるだろう。しかし、データが多くなればなるほど、一般の人々にとってはたいへんだ。第一、全部を読みきり、理解しきることは、至難のわざだ。それは、林学という分野の専門家である私でさえ、困難な作業だ。

そこで私の試みは、数多くの論文や図書のなかから、ブナ観を構築するうえで重要と思われるものを一つか二つ選んで解説する、という手段をとった。だからこの本は、あくまでも私ひとりの「ブナの本」なのだ。しかし、私の考えをおしつけるのではなく、私という個人の見方、考え方を、見本として提示するのが目的で、みんなそれぞれ、自分のブナ観を構築してもらいたい、というのが本当の狙いなのだ。

ブナの森は、たとえば、川をとおして都会とつながっている。都会の人々がそれに気づき、ブナの森の現状に目をむけたとき、水の問題は解決への第一歩が踏み出されたといえるだろう。ブナの本を丸呑みするのでなく、専門家のいうことを無批判にうけ入れるのではなく、自分で自分のブナ観が構築できたとき、はじめて環境問題を自分の問題としてとらえることができる。いまや環境問題は、小数の、意識の進んだ人達だけの問題ではなく、すべての人の問題だ。そして、すべての人が、環境に関して、自分の考えを構築したとき、地球の未来に輝きがみえてくるだろう。

私論を展開していくうえで、多くの人の著書や論文からデータを拝借した。ただし、図表は、原著の意図とは無関係に、私の意図にそって、改変したものが多い。もし間違いがあれば、すべて私の責任である。

本の出版にあたっては、八坂書房の森　弦一さんから、暖かいはげましをいただいた。また、物書きというのは、そのときどきの気分で、書き方や表現を変えてしまうくせがあるが、編集の中居恵子さんは、こまやかな目と感覚で、数々の不統一や誤りを発見してくださった。どうもありがとうございました。

一九九三年　早春

参考文献

1 朝日新聞社 樹の事典 昭59
2 飯村 武 動物生態学への招待 山海堂 平2
3 飯泉 茂・菊池多賀夫 植物群落とその生活 東海大学出版会 昭55
4 五十嵐正俊 ブナアオシャチホコの生態 日本林学会東北支部会誌34 昭52
5 伊沢一男 薬草カラー図鑑（続） 主婦の友社 昭55
6 石田 健・立花観二 カラマツハラアカハバチ幼虫に対する鳥類の捕食活動の増大（英文） 日本林学会誌68 昭61
7 一色周知・他 原色日本蛾類幼虫図鑑（上・下） 保育社 昭40・44
8 一力次郎（編著） 鳴子・栗駒・小安峡 牧野出版 昭50
9 伊藤一雄 樹病学大系Ⅰ・Ⅱ・Ⅲ 農林出版 昭46・48・49
10 伊藤由美 ブナ稚樹の発生・成立に関する研究 日本林学会東北支部会誌34 昭57
11 伊藤嘉昭・他 動物の個体群と群集 東海大学出版会 昭55
12 稲本 正 森からの発想 TBSブリタニカ 昭63
13 猪又敏男 原色蝶類検索図鑑 北隆館 平2
14 今関六也・他（編） 日本のきのこ 山と渓谷社 昭63
15 印東弘玄・成田伝蔵 原色きのこ図鑑 北隆館 昭61
16 梅原 猛・他 ブナ帯文化 思索社 昭60

17 大串龍一　水生昆虫の世界　東海大学出版会　昭56
18 太田　威　ブナの森は緑のダム　あかね書房　昭63
19 大津正英　トウホクノウサギの生態と防除に関する研究　山形県林業試験場研究報告5　昭49
20 奥本大三郎　虫の春秋　ちくま文庫　昭64
21 大政正隆　森に学ぶ　東京大学出版会　昭53
22 学習研究社　学習科学図鑑・昆虫1・2　昭55
23 同　学研の図鑑・世界の甲虫　昭55
24 北原正宣　ネズミ　自由国民社　昭61
25 吉良竜夫　生態学からみた自然　河出書房新社　昭46
26 金　豊太郎・他　ブナ林の林冠疎開度とブナ稚幼樹の成長　日本林学会東北支部会誌36　昭59
27 草刈広一　ブナを食樹とする蛾類　東北の自然36　昭62
28 工藤　弘　ブナ稚苗の照度別生存率　96回日本林学会大会論文集　昭60
29 小林享夫（編著）　庭木・花木・林木の病害　養賢堂　昭和63
30 小林富士雄・滝沢幸雄（編著）　緑化木・林木の害虫　養賢堂　平3
31 相良直彦　きのこと動物　築地書館　平1
32 桜井善雄　水辺の環境学　新日本出版　平3
33 佐藤平典　マツノミドリハバチの生態に関する研究　岩手県林業試験場研究報告4　昭56
34 柴崎篤洋　梢の博物誌　思索社　昭62
35 清水大典　冬虫夏草　ニューサイエンス社　昭54

36 下北半島ニホンカモシカ調査会　下北半島のニホンカモシカ　東北大学植物園　昭55
37 小学館　学習百科図鑑・日本のチョウ　昭58
38 菅沼孝之・鶴田正人　大台ヶ原・大杉谷の自然　ナカニシヤ出版　昭50
39 鈴木一生・岩目地俊　北上山系におけるカモシカの食餌植物　日本林学会東北支部会誌35　昭58
40 田中信行　ブナ・アオモリトドマツ混交林の構造と更新　東京大学演習林報告75　昭61
41 田中　蕃　森の蝶・ゼフィルス　築地書館　昭55
42 千葉県立中央博物館　ブナ林の自然誌　平4
43 富樫一次　ブナを食害する蛾類　蛾類通信129　昭59
44 中野秀章・他　森と水のサイエンス　日本林業技術協会　平1
45 西口親雄　森林と人間　三友社　昭51（絶版）
46 同　　森林への招待　八坂書房　昭57
47 同　　森林保護から生態系保護へ　思索社　平1
48 日本林業技術協会（編）　私たちの森林　昭60
49 長谷川　仁（編）　昆虫とつき合う本　誠文堂新光社　昭62
50 林　弥栄　有用樹木図鑑　誠文堂新光社　昭44
51 福田晴夫・他　原色日本蝶類生態図鑑　保育社　昭59
52 ふるさと宮城の自然編集委員会　ふるさと宮城の自然　宝文堂　昭63
53 古田公人　森林を守る　培風館　昭59
54 堀田　満　植物の分布と分化　三省堂　昭49

55　同　野山の木I・II　保育社　昭49・50
56　前田禎三・谷本丈夫　森の樹木　学習研究社　昭61
57　増淵法之（編）　日本中国植物名比較対照辞典　東方書店　昭63
58　松山利夫　木の実　法政大学出版局　昭57
59　箕口秀夫　ブナ種子豊作後2年間の野ネズミ群集の動態　日本林学会誌70　昭63
60　宮下　力　アングラーのための水生昆虫学　アテネ書房　昭60
61　宮脇　昭（編）　日本の植生　学習研究社　昭52
62　村井　宏・他（編）　ブナ林の自然環境と保全　ソフトサイエンス社　平3
63　室井　綽　竹　法政大学出版局　昭48
64　森津孫四郎　日本原色アブラムシ図鑑　全国農村教育協会　昭58
65　柳谷新一・金　豊太郎　ブナの天然更新地における林床植生の繁茂とブナ稚樹の成長―落葉低木植相ブナ林について―　96回日本林学会大会論文集　昭60
66　柳谷新一・他　同―ササ植相ブナ林について―　日本林学会東北支部会誌39　昭62
67　山家敏雄・五十嵐正俊　ブナ林に大発生したブナアオシャチホコとサナギタケについて　森林防疫376　昭58
68　由井正敏　森の野鳥　学習研究社　昭61
69　同　森に棲む野鳥の生態学　創文社　昭63
70　善本知孝　木のはなし　大月書店　昭58
71　渡辺隆一　カヤノ平ブナ原生林の10年間の動態　日本生態学会中部支部・第二回ブナ・シンポジウム　昭64
72　Carter, D.: Butterflies & Moths in Britain and Europe, Pan Books 1982

73　エルトン・C・S　動物群集の様式　(川那部浩哉・監訳)　思索社　平2
74　マクドナルド・D・W（編集）　動物大百科5　平凡社　昭61
75　Polunin, O.&Walters, M. : A guide to the vegetation of Britain and Europe, Oxford　1985
76　Watt, A. D. et al (ed): Population Dynamics of Forest Insects, Intercept 1990

や

ら・わ

な

は

ま

さ

た

索　引

あ

か

著者略歴　西口親雄（にしぐち・ちかお）

1927年　大阪生まれ

1954年　東京大学農学部林学科卒業

東京大学農学部付属演習林助手

1963年　東京大学農学部林学科森林動物学教室所属

1977年　東北大学農学部付属演習林助教授

1991年　定年退職

現　在　ＮＨＫ文化センター仙台教室・泉教室講師

講座名：「森林への招待」森歩き実践

「アマチュア森林学のすすめ」室内講義

おもな著書：

『森林への招待』（八坂書房、1982年）

『森林保護から生態系保護へ』（新思索社、1989年）

『木と森の山旅』（八坂書房、1994年）

『森林インストラクター入門　森の動物・昆虫学のすすめ』（八坂書房、1995年）

『ブナの森を楽しむ』（岩波新書、1996年）

『森のシナリオ』（八坂書房、1996年）

『森からの絵手紙』（八坂書房、1998年）

『森の命の物語』（新思索社、1999年）

『森と樹と蝶と』（八坂書房、2001年）

『森のなんでも研究』（八坂書房、2002年）

訳書：『セコイアの森』（八坂書房、1997年）

アマチュア森林学のすすめ —ブナの森への招待（新装版）

2003年5月30日　初版第1刷発行

著　者　西　口　親　雄

発行者　八　坂　立　人

印刷・製本　壮光舎印刷（株）

発行所　（株）八坂書房

〒101-0064 東京都千代田区猿楽町1-4-11

TEL 03-3293-7975　FAX 03-3293-7977

郵便振替　00150-8-33915

ISBN 4-89694-816-5

森のなんでも研究
—ハンノキ物語・NZ森林紀行

西口親雄著　四六　一九〇〇円

虫やキノコ、菌根菌など、落ち葉や生き物の亡きがらを土に返す分解者を登場させ、その役割や森との関係を解説。さらにニュージーランドと対比しつつ、日本の自然を語り、森林研究の楽しさを紹介する。

森林への招待
西口親雄著　四六　一七四八円

森林問題の二つの側面—環境問題と木材生産問題を解決するためには、バランスのとれた森林観をもつことが重要。森林問題を両側面から詳述した名著。

森からの絵手紙
西口親雄・伊藤正子著　A5変型　二〇〇〇円

四季折々に描き綴った美しい絵手紙に、やさしいエッセイを添えて贈る森からのメッセージ。感じたままを筆に託した絵手紙が、草花や木々との出会いの楽しさ、喜びを伝え、ブナの森・雑木林の温かさを教えてくれる。

森のシナリオ
—写真物語　森の生態系

西口親雄著　A5　二四〇〇円

森と森をすみかとする動物・昆虫と向き合うこと40余年。森を知り尽くした著者が撮り、描いた約300点のカラー写真や絵に軽妙な解説を添えた楽しい森林入門書。

森林インストラクター
—森の動物昆虫学のすすめ

西口親雄著　A5変型　二〇〇〇円

森林インストラクターを目指す人、森林で環境教育を実践する人、もっと楽しく森を歩きたい人……すべてに贈る。森の動物、昆虫の世界を知り、森林の生態系の仕組みを学ぶためのテキスト。

森と樹と蝶と
—日本特産種物語

西口親雄著　四六　一九〇〇円

日本の森は素晴らしい！　日本の風土の面白さと豊かさ、優しさを語り、あらためて日本特産の貴重な樹と蝶とそれを育んだ日本の自然を再発見する。ペン画を多数収録。